BIOLOGICAL
MYSTERY
SERIES
PRO

5

三畳紀の
生物

群馬県立自然史博物館 監修

土屋 健 著

TRIASSIC
CREATURES

技術評論社

はじめに

―これはたいへん大きい、ものすごく強い、そしてあらゆる類推から判断して、ひじょうに凶暴な動物であり、地球上に存在してはいるが、まだ科学上では知られていないものの骨なんだよ―

　　　　　　　　創元推理文庫『失われた世界』より

　『失われた世界』。それは、名探偵シャーロック・ホームズ・シリーズの作者、コナン・ドイルが1912年に発表したSF作品です。あまり知られていないことですが、ドイルは古生物学にも造詣が深く、同作品には20世紀初頭までに発見されていたさまざまな古生物が登場します。

　お待たせしました。中生代の始まりです。技術評論社の"生物ミステリーシリーズPRO"第5巻、『三畳紀の生物』をお届けします。

　ペルム紀末に発生した空前絶後の大量絶滅事件をこえて、三畳紀では、いよいよ恐竜が登場します。「待ってました!」という方も多いことでしょう。しかし、もちろん! 恐竜だけがこの時代の"登場人物"というわけではありません。イルカのような姿をした魚竜たち、どことなくひょうきんで愛らしい姿をしたプラコドンたち、翼竜をはじめとする空飛ぶ爬虫類。そして、登場したばかりの恐竜たちを圧倒する、「クルロタルシ類」とよばれるワニの祖先とその仲間たち。この時代にもたくさんのオモシロ生物がいました。恐竜はもちろんですが、恐竜以外の生物たちにもぜひご注目ください。

　ちなみに本巻の表紙を飾る彼は、恐竜ではありません。いったい何なのか? ぜひ、本文にてご確認ください。

　本シリーズは、群馬県立自然史博物館に総監修をいただいております。同館のみなさまには、今回もお忙しいなか時間を割いていただきました。そして、魚竜類に関しては、カリフォルニア大学デイヴィス校の藻谷亮介教授

に、鰭竜類は東京学芸大学の佐藤たまき准教授に、恐竜やクルロタルシ類については北海道大学総合博物館の小林快次准教授に、アンモナイト類は北海道博物館の栗原憲一研究員に、それぞれご協力いただきました。また、今回も掲載標本に関して、世界中の方々に大変お世話になりました。

　本シリーズの特徴である華やかな復元イラストは、えるしまさく氏と小堀文彦氏によるものです。資料収集や地図作図は妻（土屋香）に手伝ってもらっています。スタイリッシュなデザインは、WSB inc.の横山明彦氏。編集はドゥ アンド ドゥ プランニングの伊藤あずさ氏、小杉みのり氏、技術評論社の大倉誠二氏です。今回も多くのみなさまの支えがあって、本書はつくられています。とくに今回は、筆者も掲載をあきらめていた画像の入手に当たり、伊藤氏がずいぶんと活躍してくれました。

　もちろん、今、この本を手に取ってくださっているあなたに大きな大きな感謝を。みなさまの支えがあったからこそ、シリーズは無事、中生代を迎えることができました。本当にありがとうございます。

　なお、シリーズの第5巻ではありますが、いきなり本巻を手に取られてもお楽しみいただける仕様をめざしています。「中生代が好き！」という方は、まず本書から、この世界に没入していただくことも可能です。ただし、第1巻からお読みになると、壮大な生命史をよりお楽しみいただけると思います。

　ちなみに本巻刊行直後の2015年夏、国立科学博物館にて化石をテーマとした「生命大躍進展」が開催されます。本シリーズで紹介しているコたちに出会える絶好の機会！オススメです。

2015年5月
筆者

目次

地質年表……………………………………………………… 6

1 大絶滅から一夜明けて ……………………………… 8
姿を消したものたち ……………………………………… 8
三畳紀という時代 ………………………………………… 10
カルー盆地の生き残り …………………………………… 13
ウラル山脈域の事情 ……………………………………… 17
各地で固有の陸上生態系が築かれる …………………… 18

2 再構築された海洋生態系 …………………………… 20
復活をとげたアンモナイト類 …………………………… 20
糞化石が語る、生態系の回復 …………………………… 21
魚竜、出現する …………………………………………… 22
発見された"魚竜の祖先" ………………………………… 29
魚竜、きわめる …………………………………………… 30
ずんぐり型の海棲爬虫類 ………………………………… 34
「奇妙な歯」をもつ海棲爬虫類 ………………………… 39
クビナガリュウ類に似た海棲爬虫類たち ……………… 41
「羅平」— 期待される新たな発掘地 …………………… 45

3 水際の攻防 ……………………………………………… 52
尾をもつ"最古のカエル" ………………………………… 52
フィッシュ・トラップ!? ………………………………… 54
謎に満ちた「長い首」…………………………………… 55
腹側だけに甲羅をもつカメ ……………………………… 59
カメの起源は海か陸か …………………………………… 63

4 テイク・オフ! ………………………………………… 66
肋骨で飛ぶ ………………………………………………… 66
後翼 ………………………………………………………… 69
奇妙な"鱗"のもち主 ……………………………………… 73
翼竜の登場 ………………………………………………… 74
高さによる「棲み分け」が始まった？ ………………… 78

5　クルロタルシ類、黄金期を築く …………… 82
ワニのようでワニでないものたち …………… 82
帆をもつ先駆者 ………………………………… 85
装甲をもつもの ………………………………… 88
走るもの ………………………………………… 95
そして、頂点に立つ …………………………… 97
イスチグアラストに見る「三つ巴の時代」…… 101
挿話：最古の"共同トイレ" …………………… 109

6　大繁栄の先駆け ………………………………… 114
恐竜形類の登場 ………………………………… 114
最初の恐竜は、どのような姿だったのか？…… 118
すでに始まっていた恐竜の多様化 …………… 121
そして登場した大型恐竜 ……………………… 126
アメリカにいた数百体の小型恐竜 …………… 133
ひっそりと登場していた我らが祖先 ………… 134

7　第4の大量絶滅事件 …………………………… 138
再び発生した「ビッグ・ファイブ」…………… 138
溶岩の大量噴出があった？ …………………… 140
隕石衝突があった!? …………………………… 141

エピローグ ………………………………………… 144
なぜ、恐竜は生き残ることができたのか …… 144

もっと詳しく知りたい読者のための参考資料 …………… 148
索引 …………………………………………………………… 152

地質年表

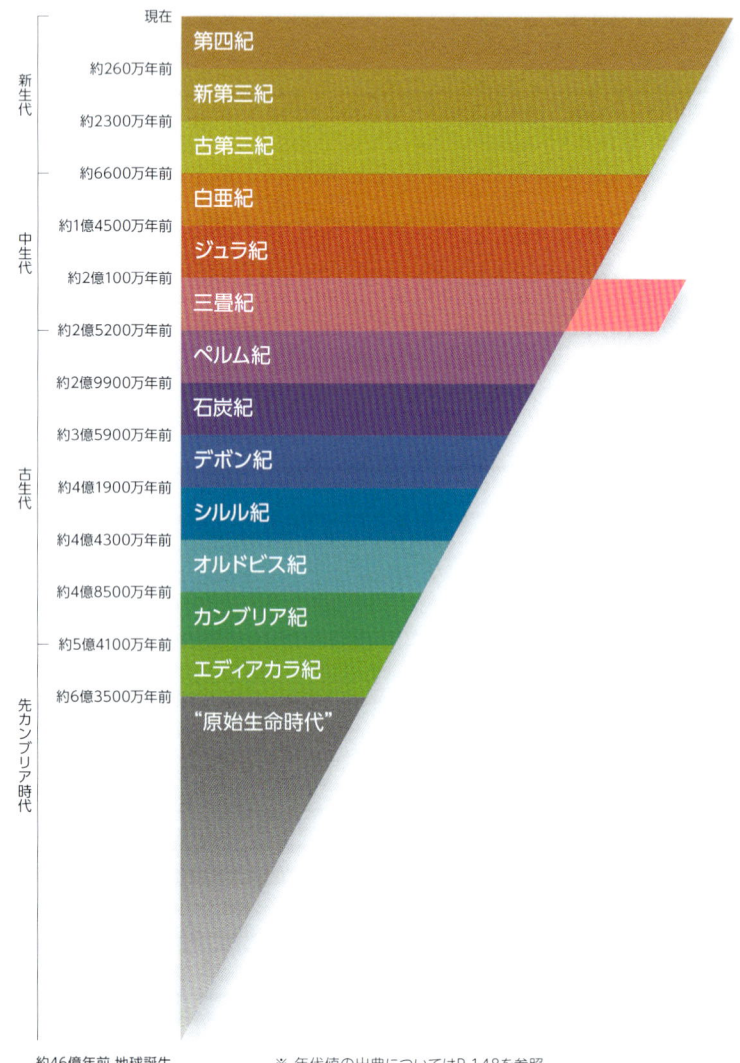

代	紀	年代
新生代	第四紀	現在
	新第三紀	約260万年前
	古第三紀	約2300万年前
中生代	白亜紀	約6600万年前
	ジュラ紀	約1億4500万年前
	三畳紀	約2億100万年前
古生代	ペルム紀	約2億5200万年前
	石炭紀	約2億9900万年前
	デボン紀	約3億5900万年前
	シルル紀	約4億1900万年前
	オルドビス紀	約4億4300万年前
	カンブリア紀	約4億8500万年前
先カンブリア時代	エディアカラ紀	約5億4100万年前
	"原始生命時代"	約6億3500万年前

約46億年前 地球誕生　　※ 年代値の出典についてはP.148を参照

三畳紀

三畳紀

1 大絶滅から一夜明けて

姿を消したものたち

　今から約2億5200万年前、ペルム紀末に起きた絶滅事件は強烈なものだった。この事件で、海棲動物種の約96%、陸上動物種の約69%が姿を消したといわれる。古生代が始まって以来築かれてきた生態系はリセットされた。

　約3億年にわたって海洋世界で繁栄し、古生代を代表する無脊椎動物としてその名をとどろかせた三葉虫は、この絶滅事件をもって完全に姿を消した。1-1

　また、古生代の海で「海の草原」とまでいわれたウミユリ類も、ごくわずかな種を残して姿を消した。1-2 生き残ったウミユリ類は、中生代の海洋世界で再び数を増やしていくことになる。しかし、その多様性は往時におよぶことはなかった。

　腕足動物も激減した。自らの形を水流に対して最適化させ、「最小の労力による繁栄」を手にしてきた彼らだっ

▲1-1
三葉虫類
古生代の始まりから終わりまで、約3億年存続した節足動物のグループ。古生代末に完全に絶滅した。

◀1-2
ウミユリ類
古生代の海で大繁栄した棘皮動物のグループ。古生代末の大量絶滅を生き残り、現在までその命脈は存続しているが、二度と繁栄することはなかった。

たが、中生代以降の海では完全に脇役となった。1-3

　ちなみに、「当シリーズをはじめて読む」という読者に向けて簡単に説明すると、ウミユリ類は「ユリ」とはいうものの植物ではなく、ヒトデやウニと同じ棘皮動物の1グループである（とくに『石炭紀・ペルム紀の生物』参照）。腕足動物もまた、二枚貝類と似て非なる生物である（とくに『デボン紀の生物』参照）。

　アンモナイト類もその数を大きく減じた。古生代には10をこえるグループが存在していたが、そのほとんどがペルム紀末に消えた。ほかにも、さまざまなグループがこの絶滅事件で大打撃を被った。

　海棲脊椎動物においては、無脊椎動物ほどの大きな影響は生じていない。それでも、古生代の海の歴史でいち早く「顎」をもち、一代の繁栄を築いてきた棘魚類（鰭の縁にトゲをもつ魚たち）が姿を消している。1-4

　陸上種については、当時繁栄しつつあった昆虫類の約65％が二度と姿を見せなくなったほか、単弓類が大打撃を受けたことが明らかになっている。単弓類は、私たち哺乳類の祖先を含む陸上四足動物である（『石炭紀・ペルム紀の生物』参照）。

　ペルム紀の陸上には、大きく分けて三つの脊椎動物のグループがいた。両生類と爬虫類、そして単弓類で

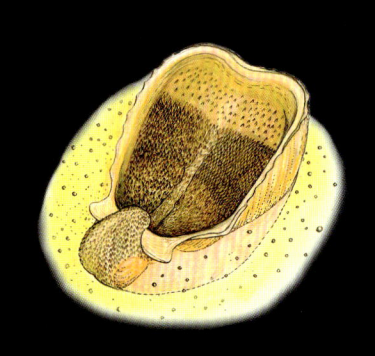

▲1-3
腕足動物
古生代の海で繁栄した無脊椎動物。古生代末の大量絶滅で数が激減した。現生種も存在するが、古生代の多様性には遠くおよばない。

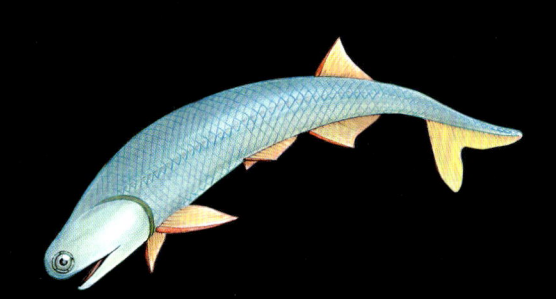

▲1-4
棘魚類
古生代の海で栄えた魚類。古生代末の大量絶滅で完全に姿を消した。

▶1-5
ゴルゴノプス類
古生代ペルム紀の、とくに後期に栄えた単弓類。当時の生態系の頂点に君臨していたが、ペルム紀末の大量絶滅で姿を消した。単弓類は三畳紀にも命脈を引き継ぐ。しかし、ペルム紀と同じ繁栄を得るには長い時間を要することになる。

ある。このうち単弓類は、鋭い歯と力強い顎、たくましい体をもち、当時の陸上生態系における主役であり、世界に君臨する「時代の覇者」だった。1-5

しかし、ペルム紀末の大量絶滅事件で彼らの多くが姿を消したのである。冒頭で紹介した「約69%」とは、ある化石産地における陸上脊椎動物の絶滅の度合いを指す数値だが、その多くは単弓類が占めていた。もっとも、彼らが完全には絶滅しなかったからこそ、今日の私たちがあるのはいわずもがなである。

三畳紀という時代

中生代は、三つの「紀」で構成されている。その最初の時代である三畳紀は、ペルム紀の後、約2億5200万年前に始まり、約5100万年間続いた。この期間は、中生代の紀の中で最も短い。「三つの畳」とは、変わった名前のように思われるかもしれないが、じつはかなり直接的な名称だ。19世紀に各地質時代の名前が次々に決められていったなかで、この時代についてはドイツに分布する三つの地層が注目され、名づけられたのである（地層を「畳」としたのは訳者のセンスだろう）。地質時代は「エディアカラ紀」以降、現在までに13の「紀」が設定されている。そのなかで、今も残る地層の数に

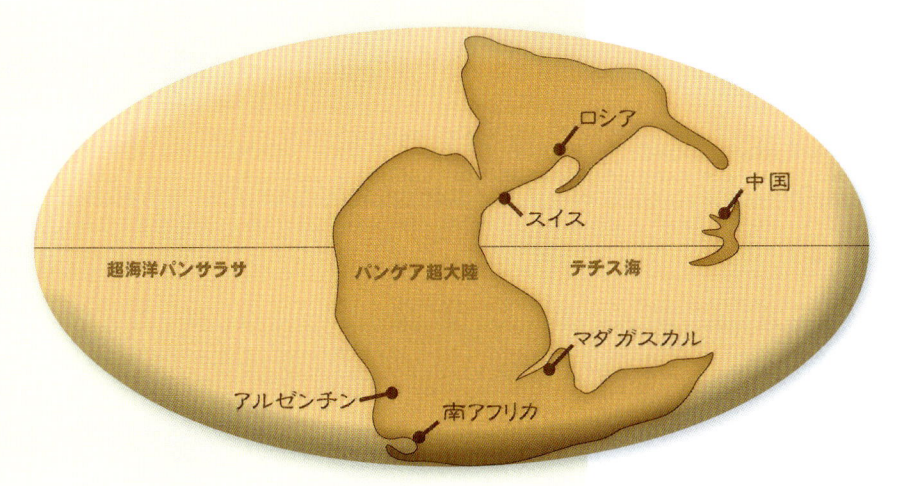

(地図ラベル: ロシア、中国、スイス、マダガスカル、南アフリカ、アルゼンチン、超海洋パンサラサ、パンゲア超大陸、テチス海)

三畳紀の大陸配置

ペルム紀に続く、超大陸パンゲアの時代だ。図中の国名は、本書に登場するおもな地域(国名)を示している。なお、この地図では上が北である。

直接由来する時代名は、この三畳紀だけだ。

三畳紀には一つの大きな特徴がある。それは、最初と最後に大量絶滅が発生しているということだ。カンブリア紀以降、現在に至るまでには、「ビッグ・ファイブ」とよばれる五つの大量絶滅があったことが知られている。本書冒頭から紹介しているペルム紀末の事件は、その最たるものだ。そして、三畳紀末に発生した大量絶滅もまた、ビッグ・ファイブの一つに数えられているのである。大量絶滅そのものについての話はのちの章に譲るとして、ここでは、三畳紀が二つの大量絶滅に挟まれた独特の世界観をもつ時代なのだということをご了解いただきたい。

三畳紀の物語の舞台は、ペルム紀から続くたった一つの陸地である「パンゲア」と、パンゲアを取り巻く巨大な海洋「パンサラサ」、そして「テチス海」である。テチス海は、超大陸パンゲアの中高緯度地域の東岸にあった海だ。当時、超大陸パンゲアは西へ大きくへこんでいた。このへこみはきわめて巨大な遠浅の湾となっており、この海域が「テチス海」とよばれる。中生代の海棲動物を語るうえで重要な海域となるので、覚えておいて損のない名前である。

一般に巨大な大陸の内陸部は、海洋からの水分が供給されることがないために、必然的に乾燥化が進む。

超大陸パンゲアの内陸部も同様で、広大な荒野（砂漠）が広がっていたとみられている。乾燥しているがゆえに、夏は酷暑、冬は極寒という気候だったようだ。

　2006年にアメリカ、イェール大学のロバート・A・バーナーがまとめた地質時代の大気中の酸素濃度の変遷記録（「バーナーの曲線」とよばれる）によれば、三畳紀の酸素濃度は当初20％ほどから始まり、いったん15％ほどに低下して18％まで上昇。そしてまた15％まで下がるという変化を見せている。参考までに書いておくと、現在の地球における大気中の酸素濃度は21％だから、三畳紀を通じておおむね、現在よりも酸素が少なかったことになる。アメリカ、ワシントン大学のピーター・D・ウォードの表現を借りれば、酸素濃度の低かった2億1500万年前ごろの地球環境は、私たちの世界でいう標高3000m以上（つまり、富士山頂と同じくらいの高さ）の高地に等しい。ウォードは、「当時の動物はどれも苦しそうにあえいでおり、激しい運動を終えたばかりのように見える（はず）」としている。

▶1-6
裸子植物
グロッソプテリス
Glossopteris
樹高12mほど。ペルム紀末に姿を消した。ペルム紀においては広範囲に分布したことから、大陸移動説の証拠にも挙げられている。詳細は『石炭紀・ペルム紀の生物』第2部第1章を参照。

三畳紀の植物相は、コロコロと移り変わりが激しかったことで知られている。

もともとペルム紀の陸地の広範囲で繁茂していた裸子植物の**グロッソプテリス**（*Glossopteris*）[1-6] は、ペルム紀末の大量絶滅事件で姿を消した。かわって、三畳紀当初は石炭紀にも繁茂していたシダ植物のヒカゲノカズラ類が茂り、そして中期には、植物の主役は裸子植物の**ディクロイディウム**（*Dicroidium*）へと移り変わっていった。[1-7]

なお、正確にいえば、「ディクロイディウム」は「葉の化石」につけられた学名である。というのも、植物の化石は葉、茎、繁殖器などがバラバラの状態で見つかることが多く、それらが同じ植物のものか否かの判断がきわめて困難であるため、見つかった部位ごとに名前が与えられるのである。ディクロイディウムは超大陸パンゲアの南部で栄え、その化石は現在のチリ、アルゼンチン、ブラジル、タンザニア以南のアフリカ、南極、オーストラリア、ニュージーランド、インドなどから産出する。この分布をたどると、どうやら三畳紀当時の緯度で南緯30～80度の海岸地域、平原、高原、山地などのあらゆる場所に生育していたようだ。なんとまあ、優れた環境適応能力である。

しかし、そんなディクロイディウムも三畳紀後期には絶滅し、針葉樹が時代の主役となっていく。

カルー盆地の生き残り

ペルム紀末期から三畳紀、そしてジュラ紀にかけての世界を覗くことのできる"窓"の一つが、南アフリカに開いている。それがカルー盆地だ。この盆地に分布するカルー層群は、当時の陸上生態系を語るうえで欠かすことができない。

カルー盆地の動植物相に関しては、ほかの化石産地の情報とともに『EVOLUTION OF FOSSIL ECOSYSTEMS』第2版（2012年刊行）が詳しい。ここでは同書を資料の軸として話を進めていきたい。

ペルム紀末期のカルー盆地では、合計13属の脊椎動

▲1-7
裸子植物
ディクロイディウム
Dicroidium
三畳紀中期に、超大陸パンゲアの南部で栄えた植物。標本長約7cm。オーストラリアのタスマニア島東部アボカ産。
（Photo：EXTINCTIONS.com）

物が確認されている。このうち、ペルム紀末の大量絶滅を乗りこえて三畳紀にまで命脈をつなぐことができたのは、**リストロサウルス**(*Lystrosaurus*)などの4属だけである。[1-8]

リストロサウルスは頭胴長1mほどで、手足が短く、ずんぐりむっくりとした風体が特徴である。クチバシと長い犬歯をもつが、その犬歯にナイフのような鋭利さはない。基本的には植物食であったとみられている。ちなみに、リストロサウルスの化石はアジアやヨーロッパ、南極などでも発見されている。広い分布をもつということは、それだけの長距離を移動できたことを意味しており(もっとも、数世代かかったかもしれないが)、また同時に、これらの諸大陸が地続きだったことも意味している。そのため、リストロサウルスは超大陸パンゲアが存在した証拠としてしばしば挙げられる。

大量絶滅事件を乗りこえた4属だが、リストロサウルス以外の3属は三畳紀が始まってほどなくして姿を消した。つまり、ペルム紀末の大量絶滅を生き抜き、三畳紀という新時代に橋頭堡を築くことができたのは、事実上リストロサウルスだけだった。

カルー盆地ではリストロサウルスに加え、新たに登場した数種類の単弓類たちが生態系を築き上げた。そのなかには、小型の肉食動物、**プロガレサウルス**(*Progalesaurus*)[1-9]などが含まれていた。プロガレサウルスは、全身像は不明であるものの、10cmほどの頭骨の顎の上下に、鋭い犬歯がしっかりと生えていたことがわかっている。三畳紀に繁栄した「キノドン類」とよばれる単弓類の一つである。

カルー盆地は、しばしば干ばつが発生するような気候だったとみられている。そうした環境下で、リストロサウルスやプロガレサウルスなどは洞穴を掘ってその中で暮らし、ときには"夏眠"をとるなどして暑さをやり過ごしていたようである。

この「洞穴暮らし」についての興味深い発見例が、南アフリカ、ウィットウォーターズランド大学のフェルナンド・アブドラたちによって2006年に報告されている。

▲▶ 1-8
ディキノドン類
リストロサウルス
Lystrosaurus

ペルム紀末の大量絶滅を生き抜いた単弓類。頭胴長1mほど。超大陸パンゲアの各地に生息していたことから、大陸移動説の証拠の一つにも挙げられる。写真は、豊橋市自然史博物館所蔵の骨格模型。右は復元図。
（Photo：安友康博/オフィス ジオパレオント）

◀ 1-9
キノドン類
プロガレサウルス
Progalesaurus

三畳紀に新たに出現した単弓類の一つ。長い犬歯が特徴である。標本長9.8cm。
（Photo：Roger Smith, Iziko South African Museum）

▶1-10

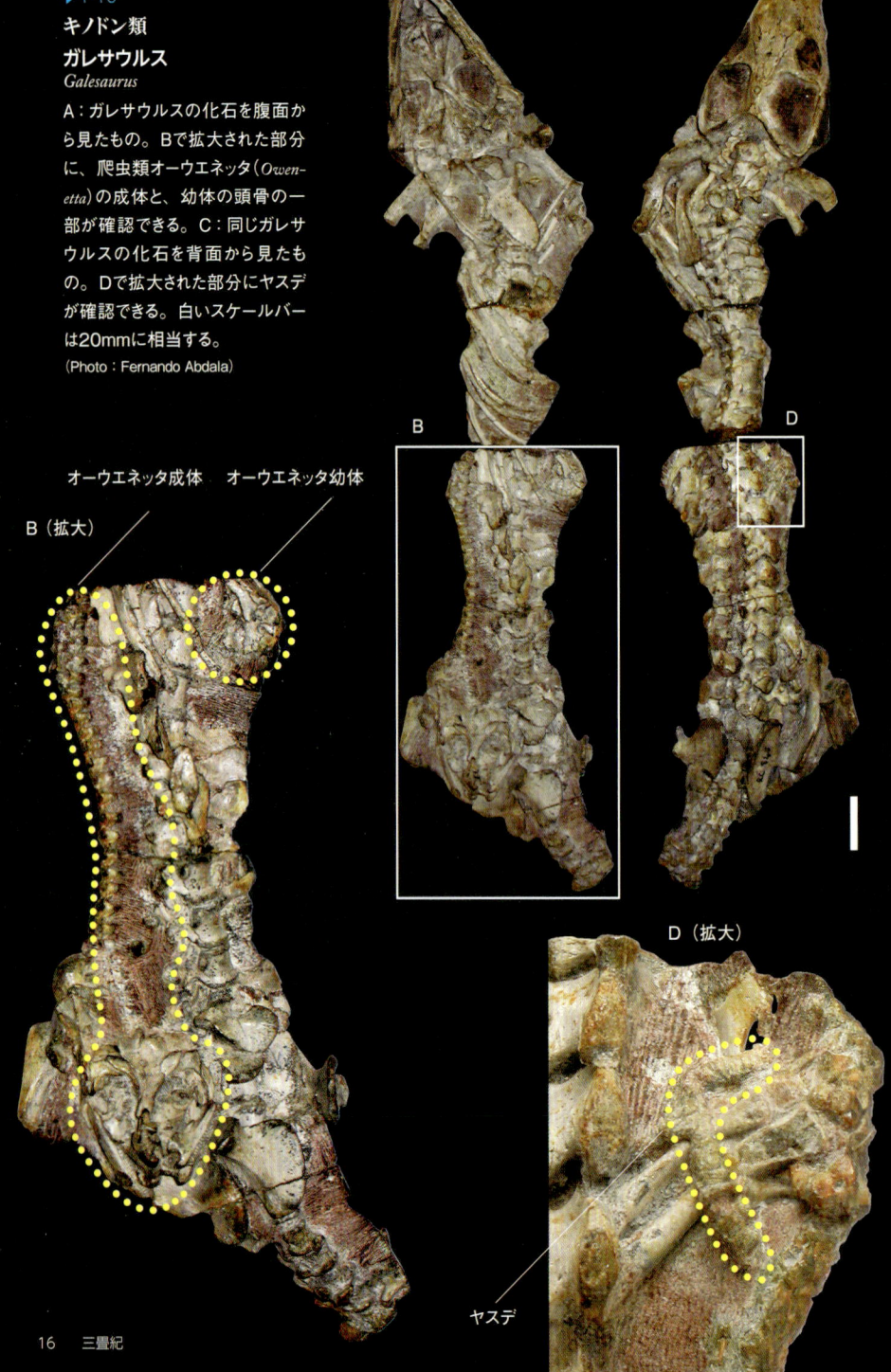

キノドン類
ガレサウルス
Galesaurus

A：ガレサウルスの化石を腹面から見たもの。Bで拡大された部分に、爬虫類オーウエネッタ（*Owenetta*）の成体と、幼体の頭骨の一部が確認できる。C：同じガレサウルスの化石を背面から見たもの。Dで拡大された部分にヤスデが確認できる。白いスケールバーは20mmに相当する。
（Photo：Fernando Abdala）

A

C

B

D

B（拡大）

オーウエネッタ成体　オーウエネッタ幼体

D（拡大）

ヤスデ

16　三畳紀

それは、異なる属の動物が、一つの洞穴を"ルームシェア"していたというものだ。彼らが発見したのは、頭胴長40cm弱のキノドン類、**ガレサウルス**(*Galesaurus*)のほぼ全身と、トカゲ大の爬虫類、そしてヤスデが一緒になっていた化石である。1-10 アブドラたちはこの状況を説明するために、二つの仮説を提唱している。一つは、3種が死んだ後で偶然同じ場所に流されてきて"溜まった"というもの。もう一つは、洞穴をシェアしていたというものである。後者であれば、四足動物の"洞穴シェア"として最古の例といえるかもしれない。

ウラル山脈域の事情

ペルム紀と三畳紀の陸上世界を知るうえで大切な"窓"はもう一つある。ロシアのウラル山脈の西側地域だ。この地域については、2000年に刊行された『The Age of Dinosaurs in Russia and Mongolia』によくまとめられている。

ペルム紀最末期のこの地域には、多くの大型の陸上脊椎動物がいた。がっしりとした体にでこぼこの頭をもつスクトサウルス(*Scutosaurus*)に代表される植物食の「パレイアサウルス類(爬虫類)」や、鋭い犬歯をもつ**イノストランケビア**(*Inostrancevia*) 1-11 に代表される「ゴルゴノプス類(単弓類)」などが生態系の上位に君臨していた。

しかし、ペルム紀末の大量絶滅事件でこうしたグループは姿を消した。ウラル山脈西側地域で大量絶滅事件を生き抜いたのは、ペルム紀末の時点では少数派だった両生類のグループである。

三畳紀の幕が上がったとき、最初に数を増やしたのは小型の両生類たちで、次いで現生のワニのような姿をもつ大型の両生類が台頭した(ちなみに、ワニは爬虫類である。念のため)。こうしたグループの代表ともいえるのは、頭骨だけで20cmオーバーという**ウェツルガサウルス**(*Wetlugasaurus*)である。1-12 二等辺三角形に近い形をした頭部が特徴的だ。

そのほかの動物といえば、多数派とはいえないが、

17

▶1-11

**ゴルゴノプス類
イノストランケビア**
Inostrancevia
ウラル地域に生息していた、当時最大級の肉食動物。ペルム紀末の大量絶滅で姿を消した。

リストロサウルスとその仲間も確認されている。カルー盆地で主役となったようなキノドン類もいたことはいたが、少数派だった。

各地で固有の陸上生態系が築かれる

　陸上動物相の変化に注目した研究がある。
　アメリカ、シカゴ大学のクリスティアン・A・シドールたちは、ペルム紀末の大量絶滅から陸上生態系がいかに回復したかについてまとめた論文を2013年に発表している。
　シドールたちは、超大陸パンゲアの南半球に位置していた南アフリカのカルー盆地、ザンビアのルアングア盆地、マラウィのチウェタ層、タンザニアのルフフ盆地、南極大陸のビーコン盆地という五つの化石産出地の化石データを整理し、ペルム紀末の大量絶滅を挟んだ陸上動物相の変化について分析した。
　この研究によれば、ペルム紀末の大量絶滅直前に当

たる約2億5700万年前まで、これらの地域では似通った生態系が成立していたという。たとえば、南アフリカのカルー盆地とタンザニアのルフフ盆地では、2600km離れているにも関わらず、生態系を構成する四足動物がじつによく似ていて、どちらの動物相でもディキノドン類が支配的だった（ちなみに2600kmという距離は、現在の日本において、北海道の稚内と沖縄県の宮古島間の直線距離に相当する。ペルム紀の動物たちがいかに広範囲にわたって分布していたかがよくわかる）。

しかし、三畳紀になって絶滅事件から復活した生態系は、それまでとは様相を異にしていた。いくつもの生態系に共通して生存していた種は大幅に減少し、かわりに生態系ごとの固有の種が出現したのである。すなわち、地域ごとに独自の生態系が生まれたのだ。

▼1-12

両生類
ウェツルガサウルス
Wetlugasaurus
三畳紀に出現した、両生類の一つ。まるでワニのような姿をしている。二等辺三角形に近い頭部は、長さが20cmほどあった。

三畳紀

2 再構築された海洋生態系

復活をとげたアンモナイト類

　ここからは話を海洋に移そう。海洋世界では、激減した腕足動物にかわって、二枚貝類が繁栄するようになった。アサリやシジミなど味噌汁の具としてもおなじみのこの動物たちは、カンブリア紀に出現していたが（オルドビス紀初頭という意見もある）、長い間"脇役"として過ごしてきた。しかし、ペルム紀末の大量絶滅を機会に、海岸の底生生物の主役に躍り出た。彼らはその後も繁栄を続け、今日までその座を守り続けている。

　一方、絶滅ギリギリまで追いつめられていたアンモナイト類の"復興"もめざましい。

　もともとアンモナイト類（アンモノイド類）は、デボン紀前期に登場していた。当初は円錐形だったその体は、デボン紀のうちに丸くなり、よく知られる平面螺旋巻きの形態になっていた（『デボン紀の生物』第4章参照）。

　1969年に、イギリス、サウサンプトン大学のM. R. ハウスがまとめた研究によれば、デボン紀の後の石炭紀とペルム紀はおおむねアンモナイト類にとって繁栄期だったといえるものの、ペルム紀の中ごろから急速に数が減っていった。その後のペルム紀末の大量絶滅事件を乗りこえることができたのは、「プロレカニテス類」と「セラタイト類」[2-1]という、わずか二つのグループだけだった。

　三畳紀に入ると、このうちのセラタイト類が一挙に多様性をもつようになった。それにより、2億3000万年前ごろには、アンモナイト類の多様性はペルム紀と同等か、それ以上に回復する。アメリカ、シカゴ大学のアリスタイル・マクガワンは、三畳紀のアンモナイト類が、古生代のアンモナイト類の特徴をもちつつも、ジュラ紀のアンモナイト類の特徴もそなえていたということを、

▲2-1
セラタイト類
ペルム紀末の大量絶滅を乗りこえた、二つのアンモナイト類の一つ。三畳紀におおいに繁栄した。

2004年に発表した研究で指摘している。つまり、三畳紀のアンモナイト類は旧時代と新時代の架け橋となっていたのだ。

スイス、チューリヒ大学のアーナウド・ブラヤールたちは、三畳紀前期のこの急速な回復について、海域ごとにどのような変化があったのかを2006年にまとめた。ブラヤールたちの研究によれば、アンモナイト類は海域ごとに固有種が発達し、そのことによって多様性を回復していったという。とくに、緯度による種の多様性のちがいが大きかったという。このことから、三畳紀前期の海は緯度によって海表面温度に大きな差異があったことが示唆される、とブラヤールたちは述べている。つまり、低緯度の温かい海域と、高緯度の冷たい海域の温度差が激しく、アンモナイト類の多様性の回復はその影響を受けた結果の産物だ、というのである。

糞化石が語る、生態系の回復

壊滅した海洋生態系が、新たに構築されるまでにどれほどの時間を必要としたのか。この疑問に対して、日本の宮城県南三陸町の海成層から産する化石が一つの可能性を示唆している。なお、お食事中の方は、一応、読むことを控えられた方がよいかもしれない。念のため。

その化石とは、2014年にドイツ、ボン大学の中島保寿と東京大学の泉賢太郎が報告した糞化石だ。「糞って化石に残るの?」と思われた読者の方もいるだろう。答えから書けば「糞も化石に残る」。もちろん、かたい骨などに比べれば化石に残る可能性は低いと思われるが、何しろ数が数である。1匹の動物が一生の間にどれくらいの糞を出すかを考えれば、たとえ可能性が低くても、一つも化石に残らないとはいえない。有名なのは恐竜の糞と推定される化石で、大型植物食恐竜のものと思われるもの(内部に球果などが入っている)、大型肉食恐竜のものと思われるもの(内部に植物食恐竜の骨の断片が入っている)が挙げられる。ところで、ご安心いた

▼2-2
南三陸町のコプロライト
三畳紀初期の地層から発見された糞化石の一つ。その形状から、脊椎動物のものである可能性が高いとされる。大きさ約7cm。
（Photo:中島保寿、泉賢太郎）

だきたい。「糞」とはいっても、長い年月を経たことによってカッチカチにかたくなっているし、もちろん臭いもしない。二つに割って磨いてしまえば、ちょっとしたオブジェにもなるくらいでとてもきれいである。なお、糞化石のことを英語で「コプロライト（coprolite）」という。漢字で書き連ねていくのもナニなので、ここから先は上品に（？）コプロライトと書いていくとしたい。

本題に戻ろう。中島と泉が報告したのは、60点をこえるコプロライト群である。小さいもので長さ2.2mm、最大でも70.5mm、幅は1.2mmから27.0mmとおおむね小型で細長い形状をしていた。2-2 研究で注目されたのは、その内部だ。まず、珪酸塩鉱物の含まれている割合がきわめて少なかった。このことは、コプロライトの"主"が、「積もった有機物を泥ごと食べる底生生物」ではなかったことを示唆している（泥などの堆積物の主成分は珪酸塩なのだ）。そして、そのコプロライトの形状から、"主"は脊椎動物である可能性が高いという。

また、少数のコプロライトでは、カルシウムやリンに富んだ骨の断片を確認できた。これは、脊椎動物が捕食されたことを示唆すると解釈された。

そして、ポイントとなるのはコプロライトが産出した地層だ。大量絶滅から500万年後の沖合で堆積したものであると考えられている。

すべての情報を統合し、中島と泉は、大量絶滅から500万年以内に、生態系は、脊椎動物による「食う・食われる」の食物連鎖が再構築されるまでに回復していた、と指摘したのである。

魚竜、出現する

三畳紀を含め、「中生代」を一言でいえば、それは「爬虫類の時代」である。陸・海・空のすべてで爬虫類が主導権を握ったのだ。そして、その先駆けは、まず海に現れた。海棲適応した爬虫類、「魚竜類」の登場である。

魚竜類は三畳紀に出現してジュラ紀に絶頂期を迎え、

白亜紀のなかばに滅ぶことになる海棲爬虫類である。とくに進化型の種は、現生のイルカ類と驚くほど似た姿をしていたことで知られている。まったく別の系統の動物が、生態に合わせて似た姿をもつ。この現象を「収斂進化」とよぶ。魚竜類とイルカ類は、教科書などで収斂進化の代表例として扱われている。

　知られている限り最古の魚竜類の化石は、三畳紀初期、約2億4800万年前ごろの日本の地層から報告されている。宮城県南三陸町から産出した**ウタツサウルス**(*Utatsusaurus*)だ。2-3 「ウタツ」は南三陸町の旧町名である「歌津町」に由来する。和名で「歌津魚竜」ともいわれる。

　ウタツサウルスの大きさは、現生のメバチ(*Thunnus obesus*)やキハダ(*Thunnus albacares*)とほぼ同じで体長2mほど。やや細身の体が特徴で、尾鰭は上下対称の三日月型ではなく、いわば"三日月の下の部分"だけだったとみられている。のちの多くの魚竜類のような、現生イルカ類と似た姿ではなかったのだ。魚竜類の専門家として知られるアメリカ、カリフォルニア大学デイヴィス校の藻谷亮介が日経サイエンス2001年3月号に寄せた言葉を借りれば「鰭脚(文字どおり、鰭状の脚、の意)の生えたトカゲ」というのが、ウタツサウルスの姿である。

　最古級の魚竜類としては、中国安徽省や湖北省で発見された**チャオフサウルス**(*Chaohusaurus*)もよく知られている。2-4 こちらは体長60cmほど。ウタツサウルスの3分の1に満たない小型種で、ウタツサウルスよりも細身である。こちらも「鰭脚の生えたトカゲ」という表現にふさわしい姿である。なお、チャオフサウルス属に関

▼2-3
ウタツサウルスの復元図
体長2mほど。のちの時代の魚竜類と比較すると、体が細長く、尾鰭の形状も異なる。ぜひ、次巻以降の魚竜類の復元図と比較されたい。

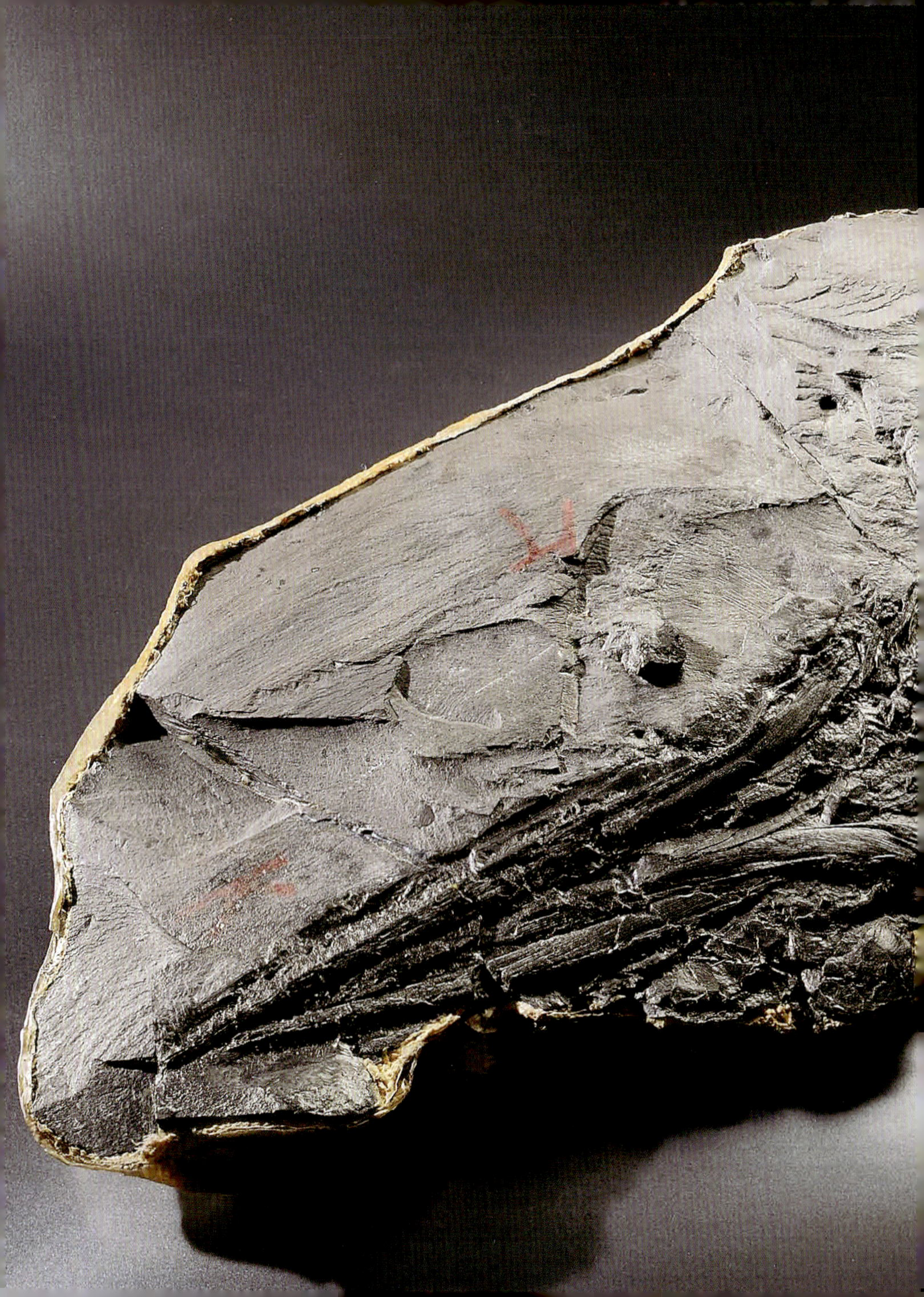

◀ 2-3

魚竜類
ウタツサウルス
Utatsusaurus

1970年に宮城県南三陸町歌津（旧歌津町）の地層から発見された化石（完模式標本）。画像左に頭部が確認できる。標本長72cm。ウタツサウルスについての詳細は前ページの本文を参照されたい。
（Photo：菊地美紀／東北大学総合学術博物館）

▲2-4
魚竜類
チャオフサウルス
Chaohusaurus
体長60cmほど。ウタツサウルスと並ぶ初期の魚竜類。ウタツサウルスと同じように体が細長く、のちの時代の魚竜類とは尾鰭の形も異なる。

しては複数種が報告されている。

こうした初期の魚竜類は、随所に「原始的」とみられる特徴をもっていた。たとえば、鰭脚の中に指のような構造がはっきりと残っていることだ。これが進化的な魚竜類になると、鰭脚は50以上の小さな骨が集まった一枚板のような構造をとる。つまり、水中、とくに海洋を泳ぎ回るにあたって指は不要になり、力強い泳ぎが可能な"パドル"へと進化するというわけだ。

ほかにも、ウタツサウルスやチャオフサウルスのもつ原始的な特徴として、陸上爬虫類の多くがもつような円筒状の背骨（椎骨）が挙げられる。藻谷はこの椎骨の形状から、ウタツサウルスやチャオフサウルスはウナギのような泳ぎをしていたとしている。体をくねらせながら、適度な加速力を得る泳ぎ方である。獲物の豊富な浅海で狩りをするのに向いた泳ぎだ。ちなみに、進化的な魚竜類の椎骨は、円盤状、あるいは高さの低い円筒状（藻谷の表現を借りるなら、今川焼状）となる。この形は、尾鰭を振っても前半身が動かないことを意味するという。つまり、エネルギーの消費が抑えられるので、長距離を巡航できることになる。

2014年になって、藻谷たちの研究によってチャオフサウルスに対する新たな知見が加わった。中国の約2億4800万年前の地層から、出産途中のチャオフサウルスの化石が発見されたのである。[2-5]

もともと、ジュラ紀の魚竜の化石に出産途中のものがあることは知られていた（次巻で詳しく紹介する）。そのため、魚竜が胎生である、ということは周知の事実だったといえる。

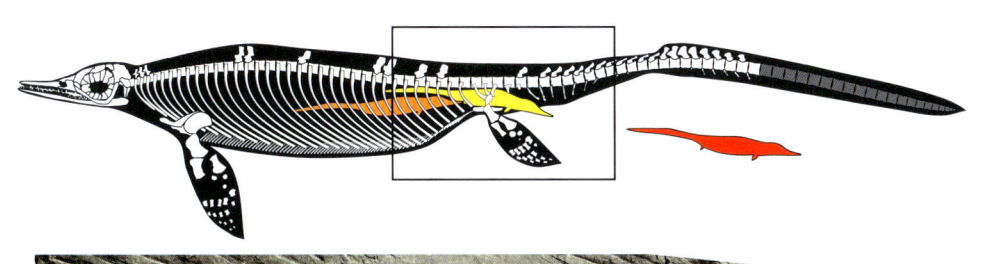

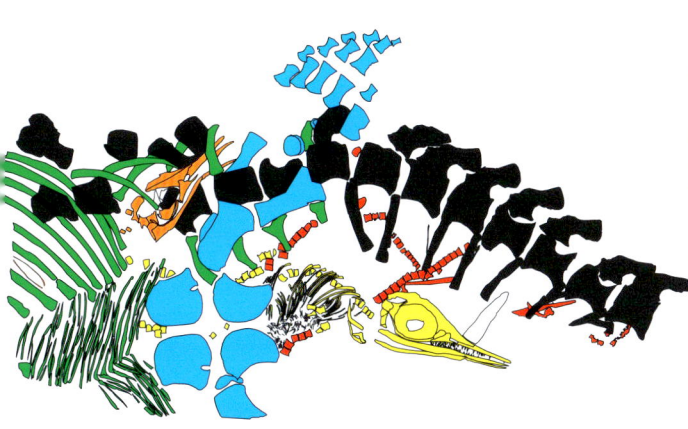

◀▲ 2-5
チャオフサウルス内に確認される胎児

上の骨格図における四角の部分に当たる化石である。画像左側が腹部、右側が尾に当たる。下は、この化石の見分けがつきやすいように色づけされたもので、黒は脊椎骨、青は鰭、緑は肋骨、黄はまさに出産間際の胎児、オレンジは次の出産をまつ胎児である。赤は、この2匹の胎児とは別の、すでに生まれた新生児のもの。白黒のスケールは1マスが1cmに相当する。
(Photo：藻谷亮介)

藻谷たちが報告したチャオフサウルスの新たな化石は、「胎生である」という以外にも大きな特徴をもっていた。胎児が、母体から「頭」を出していたのだ。このことが意味するところは大きい。なぜならば、現生の海棲動物で胎生のもの（たとえば、クジラ類）は、基本的に子どもを「尾から」産み出す。ジュラ紀の出産途中の魚竜も同じだ。「頭から」というのは、陸上動物の特徴なのだ。

　この1例だけであれば、「偶然の逆子では？」と思うかもしれない。しかし、藻谷たちが報告した母チャオフサウルスの中には「出産を待つ2番目の胎児」も確認され、この胎児もまた、頭を外に向けて出産を待っていたのである。つまり、1番目の胎児も逆子ではなく、こうした出産形式だった可能性がきわめて高い、と藻谷たちは指摘している。

　この出産形態が示唆するように、もともと魚竜類は陸上爬虫類から進化したものである。初期の魚竜類であるチャオフサウルスが陸上式の胎生だったということは、魚竜類の祖先である未知の陸上種も胎生だった可能性があることを示している。いわゆる"学校の教科書的な知識"でいえば、爬虫類は卵生だ。しかし、胎生の例がないわけではない。現生の爬虫類でも、じつは胎生というのは珍しくないし、古生物でも中国の白亜紀前期の地層から胎生のトカゲの化石が発見されている。今回のチャオフサウルスの発見は、胎生に関する最古の記録を大幅に更新することになった。藻谷たちは、生態系がペルム紀末の大量絶滅から回復する過程において、胎生というのは陸上爬虫類にとって珍しくない特徴だったのかもしれない、として論文を結んでいる。

　なお、賢明な読者のみなさんはお気づきかもしれない。こうした状況で化石が発見されるということは、この親子がこの瞬間に死亡した証拠でもある。じつはこの標本の近くに、生まれたばかりのものとみられる幼体の化石も発見されている。つまり、この母チャオフサウルスは、最初の子を産んだものの、その子は死産もしくは出産直後に死亡し、2番目の子の難産で母チャオフ

◀▲2-6
魚竜形類
(Ichthyosauromorpha)
カートリンカス
Cartorhynchus

全長40cmほどと推測される、"魚竜類の祖先種"。現生のアザラシのように、鰭を使って歩行も遊泳もできたのではないか、とみられている。なお、本種のために、「Ichthyosauromorpha」というグループ名が提唱された。現時点で確たる訳語は出ていないものの、ほかのグループに従えば、これは「魚竜形類」となるだろう。上はカートリンカスの化石。中国安徽省の約2億4800万年前の地層から発見された。画像右側が頭部で、腕の部分がはっきりと確認できる。白黒のスケールは1マスが1cmに相当する。
（Photo：藻谷亮介）

サウルスも死亡。3番目の子は外の世界を見ることなく化石化した、と考えられる。約2億4800万年前の親子の死に対して、冥福を祈りたいと思う。

発見された"魚竜の祖先"

原始的な魚竜類であるウタツサウルスやチャオフサウルスでは、すでに水中適応が確認されている。では、魚竜類と陸上爬虫類をつなぐ動物はどのような姿をしていたのか？

2014年、この「ミッシング・リンク」を補完する存在が藻谷たちによって報告された。チャオフサウルスと同じ中国安徽省の約2億4800万年前の地層から発見されたその化石は、「**カートリンカス・レンティカーパス**（*Cartorhynchus lenticarpus*）」2-6 と名づけられた。標本は、頭部から尾の付け根までが保存されたもので、大きさ

は21.4cm、未発見の部分を含めると全長40cmほどだったと推測されている。最大の特徴は、体のわりに大きな鰭だ。鰭は柔軟性に富んでおり、鰭だけでなく手首の関節にも柔軟性があった。こうした特徴から、藻谷たちは、カートリンカスが鰭を使って現生のアザラシの仲間のように地上を"歩いて"いたのではないか、と指摘する。すなわち、アザラシのように、水中を泳ぐことも地上を歩くこともできた"水陸両用タイプ"だったというわけである。

また、肋骨は骨太で頑丈なつくりとなっていた。そのため、沿岸部で受ける荒波の中でも遊泳が可能だったという。顔立ちは魚竜類というよりは、ほかの陸上爬虫類に近く、吻部が寸詰まりになっている（魚竜類の吻部は細長い）。口は大きく開けることはできず、食事の際は獲物を吸い込んでいたとみられている。

カートリンカスの発見は、中国安徽省付近が魚竜類の"故郷"だった可能性を示唆している。これは、チャオフサウルスのような原始的な存在が同じ地域から発見されていることと符合する。ウタツサウルスの産地にしてもそう遠くない。

当時、安徽省地域は温暖な気候の多島海だった。豊かな水産資源を追いかけて水に潜り、陸に上がって一休み。そんなカートリンカスの姿が目に浮かぶようだ。

魚竜、きわめる

魚竜類は瞬く間に海洋生態系の階段を駆けのぼった。
その象徴ともいえるのが、ドイツ、フンボルト自然史博物館のナディア・B・フレビッシュたちが2013年に報告した**タラットアルコン**（*Thalattoarchon*）である。[2-7]

タラットアルコンは、アメリカのネヴァダ州から化石が発見された。全身ではなく、不完全な頭骨だけの発見だった。しかし、その不完全な頭骨だけでも60cmの長さがあり、ここから推測された全長は8.6m。現生のシャチと同等かそれ以上である。

頭骨には鋭く大きな歯も残されていた。その歯は、

◀ 2-7

魚竜類

タラットアルコン

Thalattoarchon

全長8.6mほどと推測される、大型の魚竜類。鋭く大きな歯や、そのサイズなどの特徴から、当時の海洋生態系の上位に君臨していたとみられている。

　顎から外に出ている部分だけでも高さ5cm、歯根として顎の中に隠れている部分を入れると12cm以上に達した。サメの歯にあるような鋸歯（ノコギリの歯のような構造）こそ確認されなかったものの、この形と大きさ自体が、獰猛な捕食者であったことを物語る。

　タラットアルコンが注目されたのは、その化石が産出した地層の年代だ。約2億4500万年前という数字がはじき出されたのである。ペルム紀末の大量絶滅事件から700万年ほどしか経過していないことになる。

　タラットアルコンのような大型の捕食者は、生態系のピラミッドでかなりの上位に君臨する。一般に生態系は下位から構築されるので、タラットアルコンの出現は、三畳紀の海洋生態系がほぼ完全に"回復"したことを意味するのだ。96%もの種が絶滅するという空前の大絶滅が発生したのち、わずか700万年で海洋生態系は完全に再構築されたのである。フレビッシュたちによれば、それは同時代の陸上生態系より約1000万年先行しているという。

　そして三畳紀の間に、魚竜類にはさらなる大型種も出現した。アメリカのネヴァダ州や、カナダのブリティッシュコロンビア州から化石が発見された**ショニサウルス**（*Shonisaurus*）である。2-8

三疊紀

◀ 2-7
タラットアルコンの化石
標本長60cmにおよぶタラットアルコンの頭部（部分）。画像左には大きくて鋭い歯が、画像右上には眼窩が、それぞれ確認できる。アメリカ、ネヴァダ州のオーガスタ山脈の三畳紀中期の地層から発見された。
(Photo：John Weinstein, The Field Museum, image# 01_MS1004_091030_0104)

▲2-8
魚竜類
ショニサウルス
Shonisaurus

推定全長21mとされる史上最大級の魚竜類。三畳紀後期のカナダに出現した。幼体と成体で異なる獲物の捕え方をしていたとされる。なお、本種は2011年にシャスタサウルス(*Shastasaurus*)ではないかという指摘もされている。

　ショニサウルスは複数の種が確認されており、カナダのロイヤル・ティレル古生物学博物館のエリザベス・L・ニコルスと、日本の国立科学博物館の真鍋真が2004年に報告したショニサウルス・シカニエンシス(*Shonisaurus sikanniensis*)は、推定全長21mにおよぶ巨体である。現生のザトウクジラ(*Megaptera novaeangliae*)を上回り、ナガスクジラ(*Balaenoptera physalus*)とほぼ同等の大きさだ。この化石は、約2億1700万～2億1600万年前の三畳紀後期のもので、当時の魚竜類の繁栄ぶりを物語る一例であるといえるだろう。

　ニコルスと真鍋の研究によれば、ショニサウルスは幼体のうちしか歯をもっていなかったことも示唆されている。幼いうちは、獲物を捕えるのに歯を必要としていたが、成長するにつれて「吸い込む」ことで獲物を食せるようになったとみられている。

　ショニサウルスの背骨はすでに、ウタツサウルスやチャオフサウルスのような円筒状ではなく、藻谷がいうところの「今川焼」状になっていた。体もイルカに近い体形をしており、この時点ですでに魚竜類としての"形"は完成していたといえるだろう。

ずんぐり型の海棲爬虫類

　魚竜類の台頭とほぼ時を同じくして、テチス海に出現した爬虫類がいる。その名も「プラコドン類」。典型例とされるのは**プラコダス**(*Placodus*) 2-9 で、メタボ感ばっ

▲▼2-9
プラコドン類
プラコダス
Placodus

三畳紀中期のテチス海（現在のオランダなど）に生息していた海棲爬虫類。全長1.5m。上は復元骨格で、下は復元図。口の中に注目すると、平たい歯が確認できる。

(Photo：F.X. Schmidt, Staatliches Museum für Naturkunde Stuttgart)

ちりのずんぐりとした胴と長い尾、そして何より独特の形状をした歯をもつことで知られている。四肢は短く、鰭脚ではなく指が確認できる。

プラコダスは全長1.5mほどの動物で、先ほど「メタボ感」と書いたばかりだが、じつはこの表現はあまり正しくない。というのも、彼らは腹肋骨とよばれる腹側の肋骨をもっており、それが背側の肋骨と合わさって樽のような骨のかごをつくっていた。つまり、「メタボ」からイメージするような脂肪の溜まった柔らかい腹部ではなかったのだ。また、背骨をつくる各椎骨の上には骨の塊がついていたことが確認されており、背骨上に何らかの構造が並んでいたとみられている。

プラコダスの最大の特徴は歯だ。まず、前歯は上下ともに細く、そして口からかなり突き出した出っ歯である。そして、前歯以外の歯はまるで饅頭をつぶしたかのような平たい形をしており、顎の縁だけではなく、顎の内部にも並んでいる。前歯は「ついばむ」ことに適し、それ以外の歯は「すりつぶす」ことに適する。このことから、プラコダスは浅海で暮らし、海底の腕足動物や二枚貝などを拾い上げ、すりつぶして食べていたとみられている。長く柔軟な尾も特徴の一つとされ、この尾を使って水中における推進力を得ていたようだ。

ところで、グループ名であるプラコドンとは「板のような歯」を意味する。これは、まさにプラコダスのような平たい歯の特徴にちなんだもので、プラコドン類は、日本語では「板歯類」とよばれている。

しかし、彼らも最初からそんな特殊化した歯をもっていたわけではない。2013年にスイス、チューリヒ大学のジェームス・M・ニーナンたちが、オランダの約2億4500万年前の地層から報告した最古のプラコドン類、**パラトドンタ**(*Palatodonta*)は、板状ではなく、細い杭のような歯をもっていた。2-10

さて、プラコドン類はプラコダスが典型例だが、多くの動物群と同じように、典型例に当てはまらないちょっと変わったもの（特殊化したもの）もいたので、その例を2種ほど紹介しておきたい。

▲2-10
プラコドン類
パラトドンタ
Palatodonta

三畳紀中期のテチス海（現在のオランダ）に生息していた海棲爬虫類。プラコドン類としては最古級のもので、歯は細く、プラコダス（P.35参照）のように平たくはなっていない。標本長約2cm。
（Photo：D. Kranz）

　一つは、ドイツの約2億3000万年前の地層から化石が産出している**ヘノダス**（*Henodus*）だ。2-11 全長1mほどの、一目で特殊化が進んだとわかるプラコドン類である。まるで座布団のような四角形の甲羅をもっていたのだ。カメに似ているといえば、似ているかもしれない。しかしこの甲羅には厚みはなく、つくりそのものもカメの甲羅とは異なっている。前項で紹介した進化型の魚竜類がイルカなどと収斂進化の関係にあるとするならば、ヘノダスはカメ類と収斂進化の関係にあるといってもよいだろう。頭部はティッシュボックスを彷彿とさせる長方形で、クチバシをもっている。プラコドン類の基本特徴である板のような歯は欠いている。

　もう一つは、スイスやイタリア北部のアルプス地域の約2億3500万年前の地層から化石が産出している**キアモダス**（*Cyamodus*）である。2-12 全長1m強のこのプラコドン類は、2000年代までは何の変哲もない（プラコダスと同じような）姿に復元されていたが、2010年になってチューリヒ大学のトールセン・M・スッチャーが新解釈

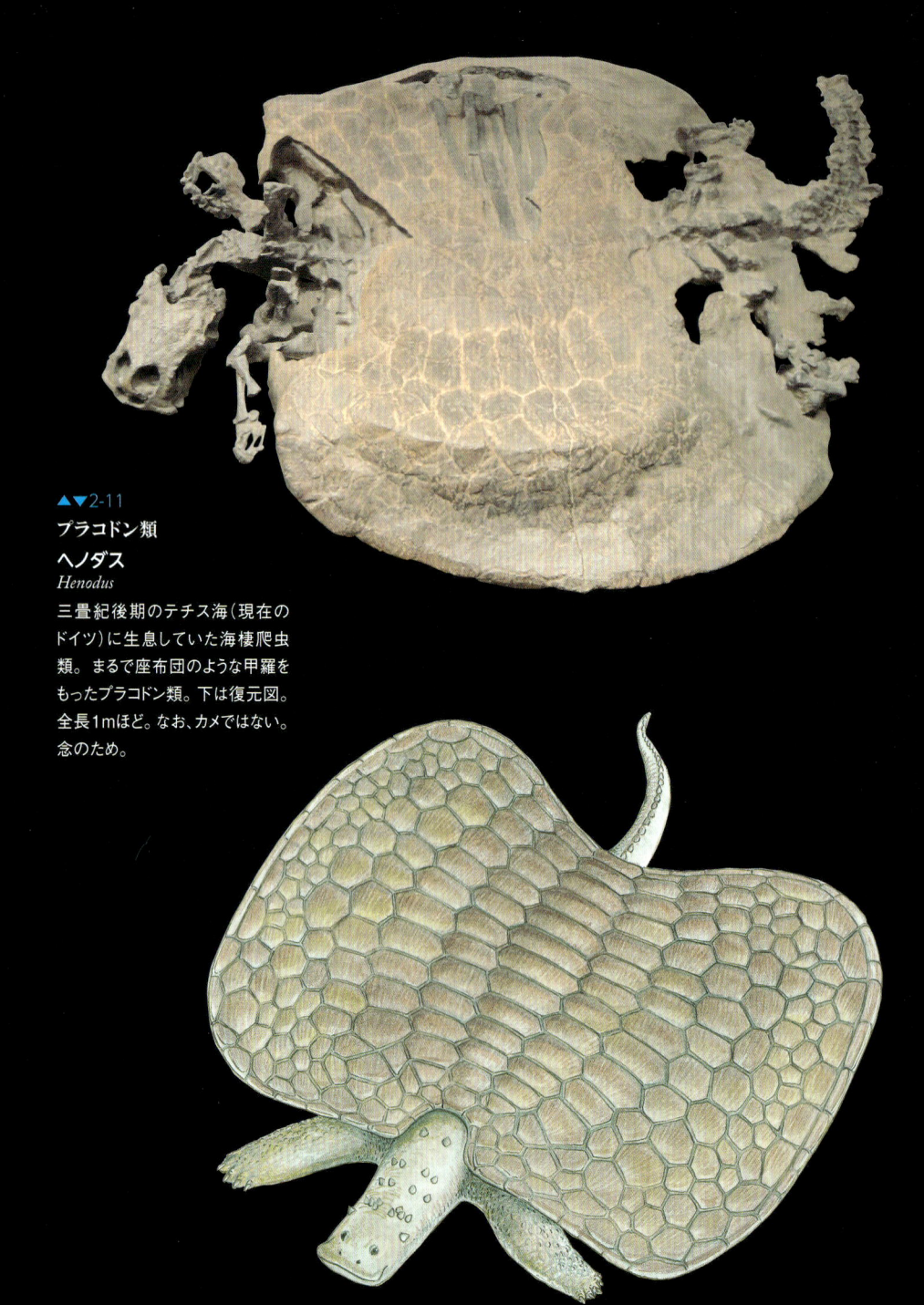

▲▼2-11
**プラコドン類
ヘノダス**
Henodus
三畳紀後期のテチス海(現在のドイツ)に生息していた海棲爬虫類。まるで座布団のような甲羅をもったプラコドン類。下は復元図。全長1mほど。なお、カメではない。念のため。

▲2-12
プラコドン類
キアモダス
Cyamodus
三畳紀中期のテチス海（現在のスイスやイタリア）に生息していた、前後2枚の甲羅をもつプラコドン類。「2枚の甲羅」というのは、全動物を見渡しても珍しい特徴である。全長1m強。

を提案し、復元像が一変した。

　新たな復元像は、背に甲羅をもち、そしてその甲羅が前後の2枚に分かれているというものである。1枚目の甲羅は胸部と腹部をカバーし、2枚目の甲羅は腰から尾部の付け根をカバーするとされる。甲羅をもつ動物は陸棲種、海棲種ともに古今に少なくないが、前後に2枚もっているというのは珍しい。この復元ではさらに、短い尾の上下左右にそれぞれ突起の列が並んでいた。もっとも、キアモダスの標本数はまだ少なく、とくに背の甲羅の内部構造などについては、今後の発見に期待するところが大きい。

　テチス海の浅海域を中心におおいに繁栄したプラコドン類だが、三畳紀後期にはその姿を消す。じつに短命なグループだ。

「奇妙な歯」をもつ海棲爬虫類

　中国の武漢地質鉱物資源研究所の程龍（チェンロン）たちが2014年に報告した、一風変わった海棲爬虫類を紹介しておき

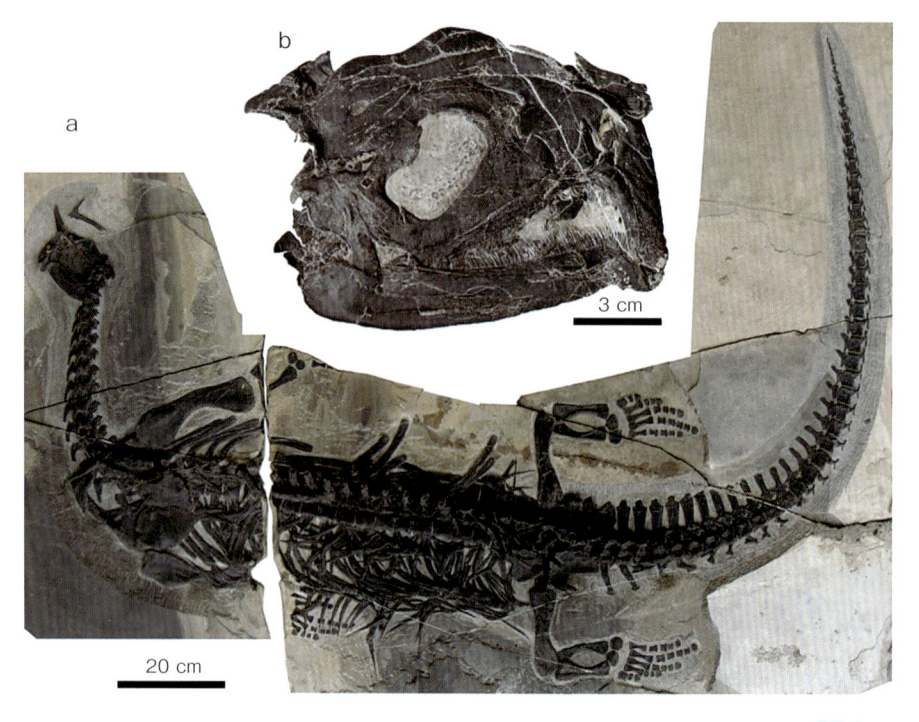

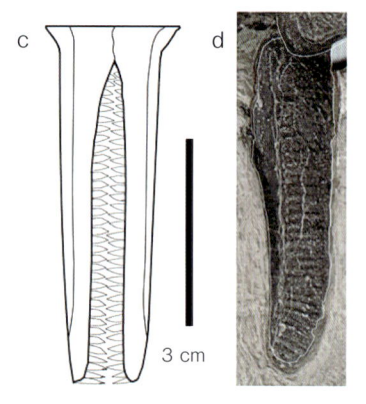

▲▶ 2-13
爬虫類
アトポデンタトゥス
Atopodentatus

中国雲南省羅平の三畳紀中期の地層から発見された化石。全長2.8m。保存されていたほぼ全身(a)と、頭部の右側面の拡大(b)、および上顎部分の拡大とその解説図(cとd)。上顎が左右に二つに分かれ、その間に歯のような構造があった。右は復元図。
(Photo：Cheng et al., 2014, Naturwissenschaften)

たい。雲南省に分布する三畳紀の地層から発見されたその海棲爬虫類は、プラコドン類に近縁と位置づけられ、名前を「**アトポデンタトゥス・ユニクス**(*Atopodentatus unicus*)」という。[2-13] 属名は「一風変わった歯」、種小名は「奇妙な」を意味するラテン語だ。

　アトポデンタトゥスは、全長約2.8mで、長い尾と長い胴、少しだけ長い首と、短い四肢をもっていた。手足には5本の短い指骨が確認できる。この指からは、アトポデンタトゥスが海棲爬虫類とはいっても、完全には水中適応していないことがわかる（完全に水中適応すると、明瞭な指構造はなくなるか極端に指骨が長くなり、鰭脚となる）。

　アトポデンタトゥスの最大の特徴は、その名が示唆するように頭部にある。上顎の先端は急角度で下に向いたクチバシ状になっており、しかもそのクチバシは左右二つに割れているのである。一方、下顎は、割れてはいないものの、まるでシャベルのような形である。この変わった顎には、上顎に350本以上、下顎に380本以上の針のような細かな歯が並んでいた。

　この独特の面構えに対し、程たちは「an unusual morphology incomparable（比類なき異常な形態）」という表現を使っている。

　なぜ、こんな珍妙な顔なのか？

　程たちは、水底の獲物を濾し取るためだったのではないか、と述べている。細い歯は明らかに獲物を強く噛むことには不向きだ。しかし、微生物や小さな無脊椎動物を海底の泥ごとガバッとすくい、濾し取るには有用だったという。シャベルのような下顎を閉じれば、上顎の二股や口の縁に並んだ針のような歯のすきまから水や泥だけが流れ落ち、獲物は口の中に残ったというわけである。

クビナガリュウ類に似た海棲爬虫類たち

　クビナガリュウ類は、日本では知名度の高い古生物グループだろう。国民的アニメ映画『ドラえもん のび太

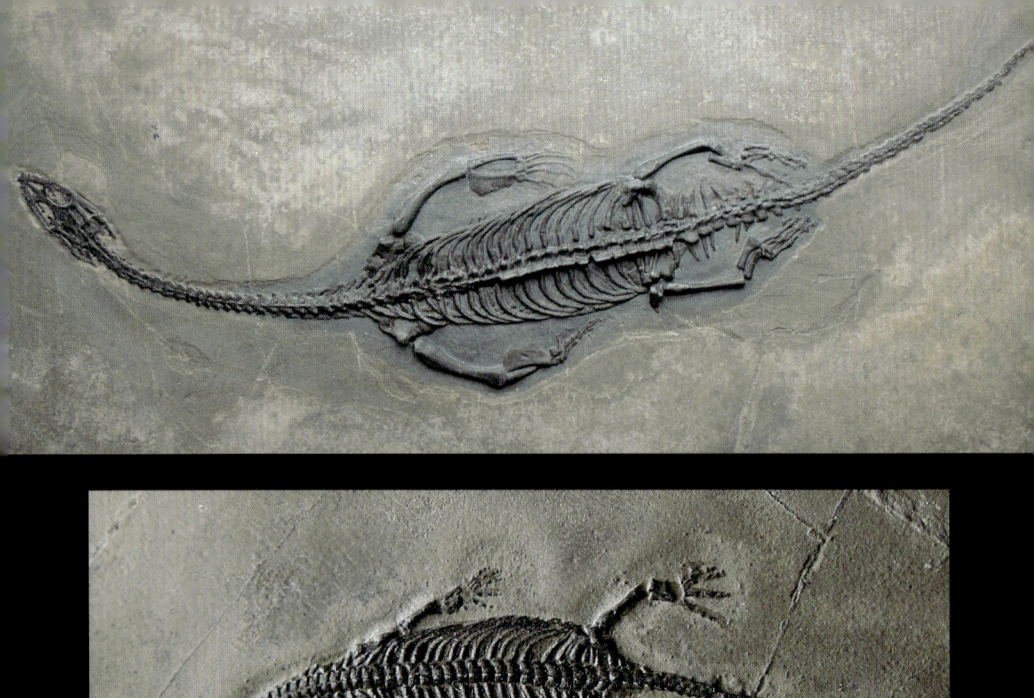

の恐竜』（1980年公開、2006年にリメイク版公開）に出てくる「ピー助」がそれだ……といえば、多くの世代で「ああ、アレね」と理解してもらえるかもしれない。長い首と樽のような胴体、4本の鰭脚をもつ海棲爬虫類である（なお、「のび太の恐竜」に登場するとはいえ、クビナガリュウ類は「恐竜」ではない。念のため）。

　クビナガリュウ類の台頭は、ジュラ紀以降の話である。三畳紀においては、一見するとクビナガリュウ類によく似た姿をもつ海棲爬虫類がいくつもいた。彼らをまとめて（クビナガリュウ類も含めて）、「鰭竜類」とよぶ。たと

◀2-14
鰭竜類
ケイチョウサウルス
Keichousaurus
クビナガリュウ類に近縁と考えられている海棲爬虫類の一つ。左ページ上段・下段ともに中国貴州省産の化石で、左上は標本長24cmの成体のもの、左下は標本長5.2cmの幼体のものである。両標本の手足にははっきりと指の骨が確認できる。右ページは成体の復元図。
(Photo：オフィス ジオパレオント)

えば、**ケイチョウサウルス**(*Keichousaurus*)の仲間である。2-14 全長30cmほどと小柄ながら、体のわりに首が長く、確実にクビナガリュウ類への系譜を感じさせる海棲爬虫類だ。短い手足には明瞭な指の骨が確認でき、彼らがまだ鰭脚をもっていなかったことがわかる。その一方で、手首などのつくりが華奢であり、浮力のない地上では、重力にあらがって自分の体重を支えることは、とてもではないができなかったとみられている。

2004年、台湾の国立自然科学博物館の程延年(チェンヤンニアン)たちは、中国の三畳紀中期の地層から、妊娠したまま化石

▼▶ 2-15

鰭竜類
ノトサウルス
Nothosaurus

復元全身骨格と復元図。クビナガリュウ類に近縁と考えられている海棲爬虫類の一つ。全長3m。世界各地から化石が発見されており、当時の繁栄のほどがうかがえる。復元骨格の手足を見ると、鰭脚ではなく、はっきりとした指があることがわかる。
(Photo：Dinocasts.com, Robert DePalma of PaleoGen)

となった2体のケイチョウサウルスの標本を報告している。この標本によってケイチョウサウルスが胎生であったことが明らかになり、またその"進化形"であるのちのクビナガリュウ類たちも胎生であった可能性が指摘されるようになった（クビナガリュウ類の胎生に関しては、のちの巻で詳しく触れることになるだろう）。

ノトサウルス（*Nothosaurus*）もまた、クビナガリュウ類とよく似た姿の海棲爬虫類である。2-15 ノトサウルスは当時おおいに繁栄した海棲爬虫類で、世界各地から複数の種が確認されている。長い首をもち、全長は3mほどと、ケイチョウサウルスのじつに10倍におよぶ。手足は鰭脚ではなく、指をもっていた。指と指の間には水かきがあったとみられている。

ノトサウルスは長い首の先に細長い頭部をもっており、口には鋭い歯が並んでいた。2007年、中国科学院古脊椎動物・古人類学研究所の尚慶華は、中国の三畳紀中期の地層から産出したノトサウルスの2標本をよく調べ、その歯について論じている。尚によれば、ノトサウルスの歯は前歯と奥歯で形がちがうため、それぞれ異なる役割があったという。前歯は獲物に対する攻撃と敵対者からの防御に使われ、奥歯はくわえた獲物を保持することに適していたのである。

よりクビナガリュウ類に似た姿をもっているのは、**ユングイサウルス**（*Yunguisaurus*）2-16 とその仲間である。ユングイサウルスは全長4mほどと、ノトサウルスよりは少し大きな体のもち主で、やはり首が長い。ノトサウルスとの大きなちがいの一つは、その足にある。ケイチョウサウルスやノトサウルスのような「指のある足」ではなく、鰭脚となっているのだ。そのため、見た目はのちのクビナガリュウ類と近い。ただし、ユングイサウルスの鰭脚は骨格のつくりが弱く、クビナガリュウ類のように力強く水をかくことはできなかったようだ。

「羅平」―期待される新たな発掘地

特定の古生物単体ではなく、その古生物が生きてい

▲2-16
鰭竜類
ユングイサウルス
Yunguisaurus
クビナガリュウ類に近縁と考えられている海棲爬虫類の一つ。上は中国貴州省から発見された化石とその復元図。化石と一緒に写っている白黒のスケールは、10cmに相当する。これまでに紹介してきた鰭竜類とは異なり、指ではなく、鰭脚をもっていた。
(Photo：Sato et al., 2010, Palaeontological Research, vol. 14, no. 3, pp. 179-195./日本古生物学会)

注目される新・化石産地「羅平」の位置。中国南部、雲南省の東部に位置している。

た世界を知ろうと思えば、生物「相」が保存されている良質な化石産地が必要になってくる。本書でいえば、第1章で紹介したカルー盆地（南アフリカ）がそれだ。ほかの地質時代に目を向ければ、カンブリア紀のバージェス（カナダ）や澄江（中国）、ジュラ紀のゾルンホーフェン（ドイツ）などが有名である。

　こうした化石産地は、その時代を覗き見る"窓"として貴重であり、当時の世界観を知るうえで欠かすことはできない。とりわけ無脊椎動物までもしっかりと化石に残るような良質な化石産地は数が少なく、貴重な存在となっている。

　近年、中国南西部に開いた新たな窓として注目を集めているのが「羅平」だ。2008年に発見され、現在、発掘と研究が進められている。

　羅平では、三畳紀中期の前半（約2億4500万年前ごろ）に堆積した地層が確認されている。その地層は、当時の大陸棚に堆積したとみられるもので、保存の良い海洋生物の化石が数多く産出している。2-17 2010年に中国の成都地質鉱物資源研究所の胡世学たちが2万個近い化石をまとめたところによれば、それまでに羅平で発見されている化石のうち93.7%は節足動物であるという。そして、割合として低いながらも、二枚貝類、腹足類、ベレムナイト類、アンモナイト類、棘皮動物、腕足動物、コノドントなどの無脊椎動物や、海棲爬虫類や魚類の化石も確認されている。陸上から流れてき

▲2-17 羅平から産出する脊椎動物化石

無脊椎動物と比べると少数ながらも、さまざまな化石が産出する。最上段：魚竜類の化石（未同定）。頭骨の大きさが約20cm。2段目：魚類サウリクチス（*Saurichthys*）。頭骨の大きさが約13cm。最下段左：魚類（未同定）。約4cm。最下段右：爬虫類の歯の化石（未同定）。よく見ると鋸歯が確認できる。大きさ約1.7cm。(Photo：胡世学、Michael J. Benton)

たとみられる植物片もあるという。じつに多様である。

　節足動物で最も化石の数と種数が多く見つかっているのは、エビなどの甲殻類である。一方で、少数とはいえ脊椎動物に注目すれば、魚類は25以上の分類群が発見されている。そのなかには、未記載の種も多く含まれているという。

　海棲爬虫類の化石が状態良く保存されていることも特徴的で、こちらも、魚竜類をはじめとした複数のグループの化石が確認されている。胡たちは、魚竜類のような生態系の最上位捕食者が確認されるということは、当時、この海域の生態系がペルム紀末の大量絶滅から完全に再構築されていたことを意味するとしている。羅平の動物群の年代は、本章で紹介したアメリカのネヴァダ州のタラットアルコン(▶P.30)とほぼ同じだ。「再構築までの時間」が一致するのは興味深い点である。

　いずれにしろ、羅平の研究は始まったばかりで、今後の進展が期待される。今、あなたがお読みの本書に「改訂版が必要かな」と思われるくらいの歳月が経つころには、羅平はより注目される"三畳紀の窓"となっているかもしれない。

ウタツサウルス(2m)

タラットアルコン(8.6m)

ノトサウルス(3m)

アトポデンタトゥス(1m)

ケイチョウサウルス(30cm)

プラコダス(1.5m)

ユングイサウルス（4m）

三畳紀

3 水際の攻防

尾をもつ"最古のカエル"

　今から約2億5000万年前の三畳紀初頭、マダガスカルに、これまでに知られている限り最も古いカエル、**トリアドバトラクス**（*Triadobatrachus*）がいた。3-1

　トリアドバトラクスの復元図を見れば、多くの人が「カエル」と認めるだろう。全長は11cmと、現生のウシガエル（*Rana catesbeiana*）ほどの大きさだ。頭部は、現生の

▶3-1
カエル類
トリアドバトラクス
Triadobatrachus
マダガスカルの三畳紀前期の地層から発見された化石。全長11cm。画像上が頭部。肋骨がほとんど確認できないが、小さな尾は確認できる。
（Photo：MNHN – Lilian Cazes）

トリアドバトラクスの復元図。ウシガエルほどの大きさで、見た目は現生カエルによく似ているが、尾がある点などが大きく異なる。

カエル類の多くとよく似ており、下顎には歯がない。このことから、現生カエル類と同じように、獲物を丸のみしていたことがわかる。脊椎の数は少なく、肋骨は極端に短い。現生のカエルを素手で触ったことがあるならば、カエルの腹のぷにょぷにょした感触を思い出していただきたい。あの感触は、肋骨がなく胸部をまったく保護していないことに由来する。トリアドバトラクスは「最古のカエル」にして、すでにそれに近い感触をもっていたのである。

しかし、よく似ているとはいえ、そこは「最古のカエル」である。現生カエル類と異なる点も少なくない。

ちがいの一つは、小さいとはいえ、トリアドバトラクスには「尾」があるということである。念のために書いておくと、現生のカエル類は「無尾類」ともいわれるほどで、尾をもっていない。もっともトリアドバトラクスの尾は申し訳程度に存在するのみで、カエル類とイモリ類の共通祖先としてペルム紀に存在していた**ゲロバトラクス**(*Gerobatrachus*) 3-2 のそれと比べると、かなり短いものとなっている。

もう一つ、トリアドバトラクスを現生カエル類として見たときの違和感は、四肢の長さにあるだろう。現生カエル類は前脚に比べると後ろ脚が極端に長く、この後

▼3-2

両生類

ゲロバトラクス
Gerobatrachus

ペルム紀のアメリカに生息していたカエル類とイモリ類の共通祖先。"それなりに長い尾"がある。

ろ脚をバネのように使って跳躍する。一方でトリアドバトラクスの四肢はほぼ等しい長さで、後ろ脚が極端に長いということはない。

カエルがカエルらしくなるまで、もう一歩というところだ。

フィッシュ・トラップ！？

カエルの話が出たところで、同じ両生類の仲間をもう1種紹介しておきたい。ドイツやグリーンランドの三畳紀後期の地層から化石が産出する**ゲロトラックス**（*Gerrothorax*）だ。3-3

ゲロトラックスは、じつに珍妙な姿をした両生類である。全長は1mと大型で、とにかく体が平たいことで知られている。頭部は半円形で平たく、胴部も幅広で扁平なのだ。四肢はといえば、比較的小さく、とてもではないが陸上でこの平たい体を支えることはできない。

ゲロトラックスの頭部の付け根には、一生の間、外鰓があったとみられている。「外鰓」とは、文字どおり体の外に出た鰓であ

▼3-3
両生類
ゲロトラックス
Gerrothorax
ドイツ南部、クプファーツェルとブラウンスバッハ境界付近から産出した化石。これまでに知られている限り「最も完璧な標本」とされる。標本長約48cm。右はその復元図。
(Photo: F.X. Schmidt, Staatliches Museum für Naturkunde Stuttgart)

54 | 三畳紀

る。「現生のウーパールーパー（*Ambystoma*）がもっているもの」と書けば、イメージしてもらえるだろうか。ウーパールーパーの首の付け根から出ている赤味を帯びたアレである。

　こうした特徴と平たい姿から、ゲロトラックスは水底で生活していたとみられている。水底を這い、ときには泥の中に浅くもぐって暮らしていたようだ。

　アメリカ、ハーバード大学のファリッシュ・A・ジェンキンス・Jrたちは、2008年にゲロトラックスの頭部周辺を詳細に解析した研究を発表した。ジェンキンスたちによれば、ゲロトラックスの上顎は50度もの角度で開いたらしい。そしてそのとき、下顎は水平方向に少し前に突き出たという。

　ゲロトラックスは、そのひょうきんな外見に似合わず、凶暴なまでにパックリと口を開けることができた。この"機能"に対して、ジェンキンスたちの解釈はかなり慎重だ。まず、この開閉機能は食事のためだけに特化したものではないとしている。水底で泥の中にもぐるとき、穴を掘ることにも使えただろう、という。そして、新たな証拠が発見されなければ保証はできないが、という前置きつきで、魚を捕えるためのトラップ（罠）だったという解釈を紹介している。口を開けて獲物が通りかかるのを静かに待ち、いざ獲物が来たら、パックン……ということだろうか。

　ドイツ南部のクプファーツェルでは、ゲロトラックスの化石が多数発見されている。化石の産状から、かつてこの地域にあった水場がしだいに干上がり、そこに暮らしていたゲロトラックスも最終的に干上がって、集団で死亡したものとみられている。

謎に満ちた「長い首」

　「珍妙」という言葉は、何も両生類の専売特許というわけではない。ゲロトラックスから時間を少し遡った三畳紀中期のテチス海には、やたらと長い首をもった爬虫類がいた。その名を「**タニストロフェウス**（*Tanystro-*

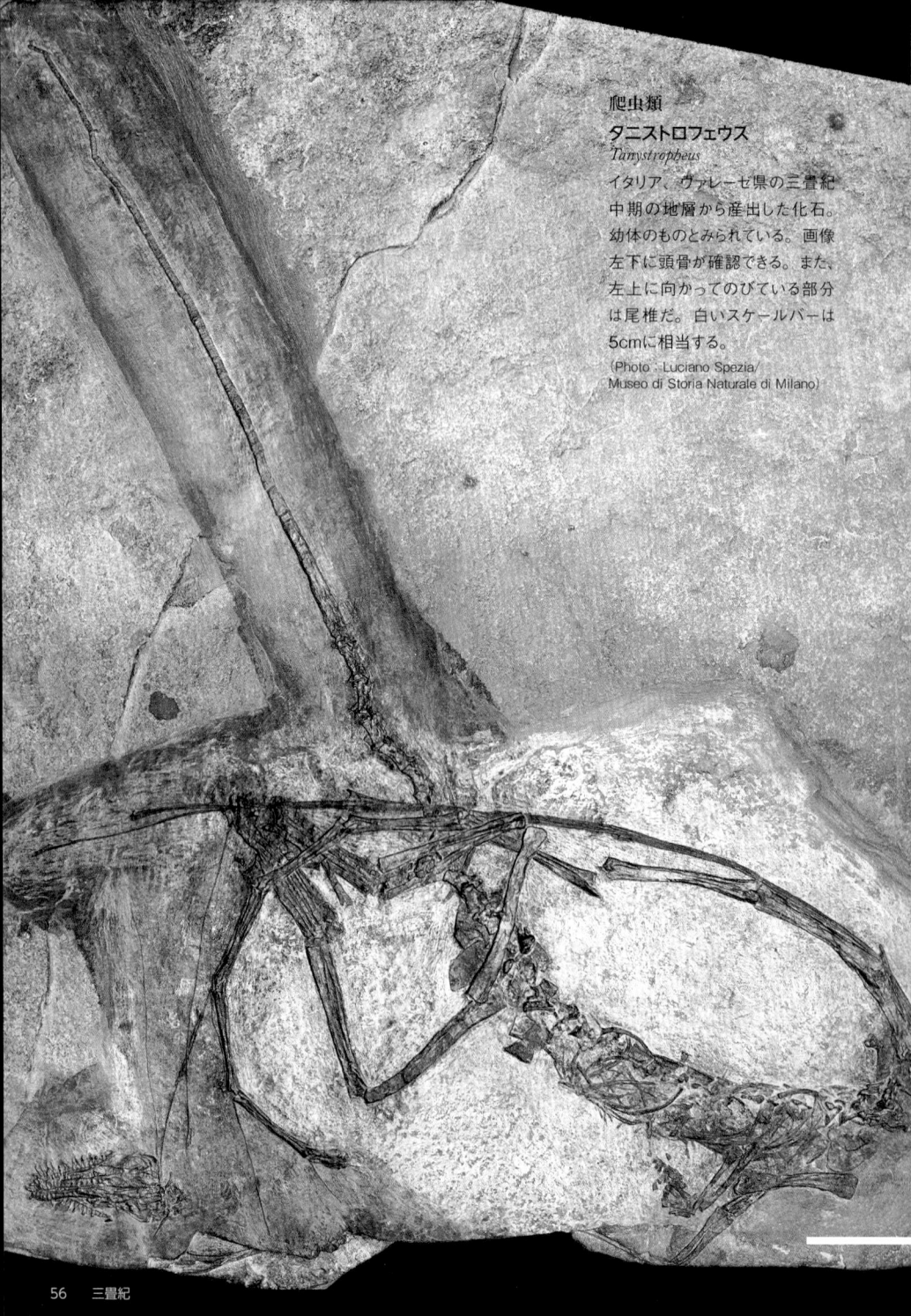

爬虫類
タニストロフェウス
Tanystropheus

イタリア、ヴァレーゼ県の三畳紀中期の地層から産出した化石。幼体のものとみられている。画像左下に頭骨が確認できる。また、左上に向かってのびている部分は尾椎だ。白いスケールバーは5cmに相当する。
(Photo : Luciano Spezia/
Museo di Storia Naturale di Milano)

pheus）」という。3-4 全長6mの体のじつに半分以上を首が占めるという独特な姿をした輩である。

「長い首の爬虫類」といえば、恐竜類やクビナガリュウ類を思い浮かべる読者も多いのではないだろうか？ 本巻にはほとんど登場しないが、次巻の『ジュラ紀の生物』においてある意味主役をはることになる彼らと、タニストロフェウスの首には、決定的なちがいがある。長い首の恐竜も、長い首のクビナガリュウも、基本的には骨の数が多いことで結果的に首が長くなっている。しかし、タニストロフェウスは、首をつくる個々の骨そのものが長いのだ。このつくりは、現生のキリン（*Giraffa*）と通ずるものがある。

骨の数が多ければ、必然的に関節も多くなり、首全体で見たときの可動域も広くなる。しかし、骨の数が少なければ、その柔軟性は失われる。タニストロフェウスは骨の特徴から、平時において首は背骨の直線上に固定されていたのではないか、とみられている。

タニストロフェウスの長い首は、まさにミステリーである。なぜ、これほどまでの長さが必要であったのかは答えが出ていないし、有力な仮説も見当たらない。タニストロフェウスの化石の多くは、もともと海だった場所から産出し、また、胃の内容物として魚や頭足類（イカやタコ、アンモナイトの仲間）の化石が発見されているので、どうも海中で暮らしていたことは確かなようである。

タニストロフェウスの復元図

その一方で、タニストロフェウスはクビナガリュウ類のような鰭脚はもっておらず、四肢にははっきりと指が確認できるため、自由自在に遠洋を泳ぎ回っていたということはなさそうだ。こういった点から、海岸付近で暮らしていたという前提で復元される例が多い。
　興味深いのは、幼いうちは首が短かったという点だ。タニストロフェウスの首は成長とともに長くなっていった。また、幼体と成体では歯の形状が異なるという点も指摘されている。成体になると魚食に向いた円錐形の歯をもつようになるが、幼体のうちはギザギザとした歯をもっていたのである。ニコラス・フレイサーは、『DAWN OF THE DINOSAURS』(2006年刊行)のなかで、幼体時は陸上で昆虫をおもな獲物とし、成体になってから水中へ進出して魚を獲るようになったのではないか、という見方を紹介している。
　なお、タニストロフェウスは複数の産地から化石が産出しており、そのなかで最も有名な場所としてスイスのモンテ・サン・ジョルジョが挙げられる。この地は、2002年に刊行された『EXCEPTIONAL FOSSIL PRESERVATION』で三畳紀の海棲脊椎動物の化石を良好に産出する場所として紹介されている。該当章の著者は、スイス自然史博物館のワルター・エッターだ。エッターによれば、モンテ・サン・ジョルジョは、三畳紀の魚類と爬虫類を知るうえで、最も重要な地域であるという。
　ここで簡単にモンテ・サン・ジョルジョについてまとめておきたい。
　モンテ・サン・ジョルジョはスイス最南部、イタリア最北部に位置する標高1097mの山である。一般に、多数の脊椎動物の化石を産出する地層は、現地性の底生無脊椎動物の化石を欠いていたり、歩行痕などの生痕化石がなかったり、それらとは裏腹に大量の有機物（最大で40%）を含んでいたりすることが特徴だ。モンテ・サン・ジョルジョはまさにこれに当たる。これらの特徴はいずれも、この地層が無酸素状態で堆積したことを示唆している。

無酸素状態ということは、生物の死骸を分解する微生物もいなかったか、あるいは少なかったことを意味している。つまり、化石の保存状態が突出して良くなるのだ。その証拠に、ある種の魚類や海棲爬虫類の胚、鉱物化していない鱗などが残されている。また、保存されている化石の数も多く、ある場所では4㎡の面積に数十を数える魚竜類や魚類の化石が密集して残されていた。

　エッターによれば、これほどまでに良質な産地にも関わらず、まだモンテ・サン・ジョルジョの研究は十分に行われていないという。この地からまとまった情報が出てくるには、もう少し時を必要としそうだ。

腹側だけに甲羅をもつカメ

　章の冒頭で「最古のカエル」に触れた。「最も古いカメ」が登場するのもまた三畳紀だ。

　そもそも「カメ」といえば、甲羅をもつことを最大の特徴とする。アニメやゲームなどで、カメの甲羅が脱げる場面に遭遇することがある。しかし実際にはそれはあり得ない。カメの甲羅は、背中側は背骨と肋骨、腹側は鎖骨と肋骨が癒合してできている。したがって、カメにとって甲羅を脱ぐということは、私たちにとって背骨と肋骨を脱ぐということに等しいのだ。

　じつはこうしたつくりの甲羅は、生物としてかなり稀有な特徴である。似たような動物としては、ペルム紀には背に装甲をもつパレイアサウルス類がいた。しかし、その装甲は鱗の変化に由来するもので、カメのように肋骨起源ではない。同じように、恐竜の鎧竜類がもつ装甲、現生アルマジロ類がもつ"甲羅"も、肋骨起源ではなく別物である。すなわち、カメだけが肋骨が変化した頑丈な甲羅をもつのだ。『カメのきた道』（2007年刊行）の著者である早稲田大学の平山廉によれば、「胴体内部の骨まで総動員して甲羅をつくったのは、カメだけ」である。防御性能を高める。この1点を追求して進化してきたのがカメなのだ。

じつは、このようなカメの甲羅の独自性について、その形成過程が解明されたのはつい最近のことである。理化学研究所の平沢達矢たちによって、カメの組織学的な解析と化石記録の調査が行われたのだ。平沢たちは、2013年にその結果を発表した。

　平沢たちは、現生のカメ類であるスッポン（*Pelodiscus sinensis*）の胚の発生過程を観察した。その結果、甲羅の形成は、肋骨ができたのちにそれを取り巻く膜が形成され、その膜の中で板状の骨がつくられることでなされるということが確認された。つまり、カメの甲羅が鱗や皮ふの発達によらず、純粋に肋骨からつくられていることが明らかになったのだ。

　この研究では、約2億4700万～2億4100万年前の三畳紀中期の海棲爬虫類で、カメ類に近縁な**シノサウロスファルギス**（*Sinosaurosphargis*）の調査も行われている。[3-5] シノサウロスファルギスは、幅広の装甲をもつカメに似た姿の生物である（ただし、カメ類そのものではない）。シノサウロスファルギスの装甲は、ワニ類やアルマジロ類と同様に「皮骨」でできていた。平沢たちは、この皮骨性装甲の下に、肋骨によるカメ型の装甲があることを発見したのである。このことは、カメの甲羅と皮骨性装甲とが、まったく別のものであることを示唆しているという。

　かくしてカメの甲羅は、肋骨のみからつくられた独特の存在であることが確認されたのである。

　さて、気になってくるのが、カメ類の甲羅がいつ、なぜ誕生したのか、という点である。2000年代のなかばまで、このことは謎のままだった。なにしろ、知られている最古のカメがすでに頑丈な甲羅をもっていたのだ。

　新たな知見がもたらされたのは2008年になってからである。"最古のカメ記録"を更新する化石が、中国科学院古脊椎・古人類学研究所の李淳たちによって報告されたのだ。中国貴州省に分布する約2億2000万年前の地層から発見された全長38cmほどのカメで、「**オドントケリス**（*Odontochelys*）」という。[3-6] シノサウロスファルギスより2000万年以上のちに出現した最古のカメ類で

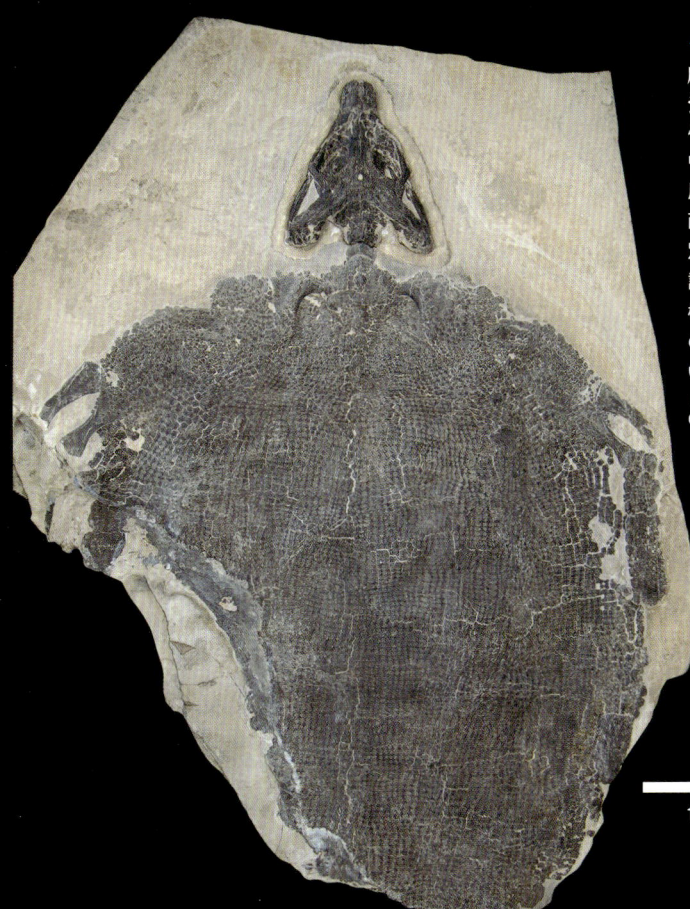

◀ 3-5

爬虫類
シノサウロスファルギス
Sinosaurosphargis

中国雲南省の三畳紀中期の地層から産出した化石。上段は背面側の標本。下段左は上段とは別の標本で"甲羅"を腹側から確認できる。下段右は、下段左の標本の拡大写真。肋骨（太い骨）の向こうに細かな装甲片が並んでいることを確認できる。

(Photo：平沢達矢/Nature Publishing Group)

10cm

1cm

▲3-6
カメ類
オドントケリス
Odontochelys
中国貴州省の三畳紀後期の地層から産出した化石。背側の標本(左)と、腹側の標本(右)で、背側には甲羅はないが、腹側には一目でそれとわかる甲羅がある。スケールバーはともに5cm。
(Photo：李淳)

ある。

　オドントケリスの最大の特徴は、腹側にしか甲羅をもたないことである。背側はむき出しだ。腹側にある甲羅は長さ18cmほどで、全体の大きさは現在の日本に生息するクサガメ(リーブクサガメ：*Chinemys reevesi*)の雄とさほど変わらない。特徴はほかにも、現生のカメとは異なって口に細かな歯が並ぶということ、手足にはっきりと指が確認できることなどがある。

　オドントケリスの化石が発見された地層は、浅い海底に堆積したものだった。このことから、李たちは原始

オドントケリスの復元図。

的なカメはもともと浅い海か、河口付近に生息していた可能性があると指摘した。これはつまり、カメの起源は海であることを示唆している。

カメの起源は海か陸か

　三畳紀のカメとして、もう一つ紹介しておかなければいけない種がいる。ドイツの約2億1000万年前の地層から化石が産出する**プロガノケリス**(*Proganochelys*)だ。オドントケリスよりも1000万年新しく、オドントケリスが発見されるまで、「最古」とされていたカメである。もっとも、こちらはオドントケリスとは異なって、腹にも背にもはっきりカメとわかる甲羅をもっていた。
　ここでは、『カメのきた道』を参考に、その特徴をま

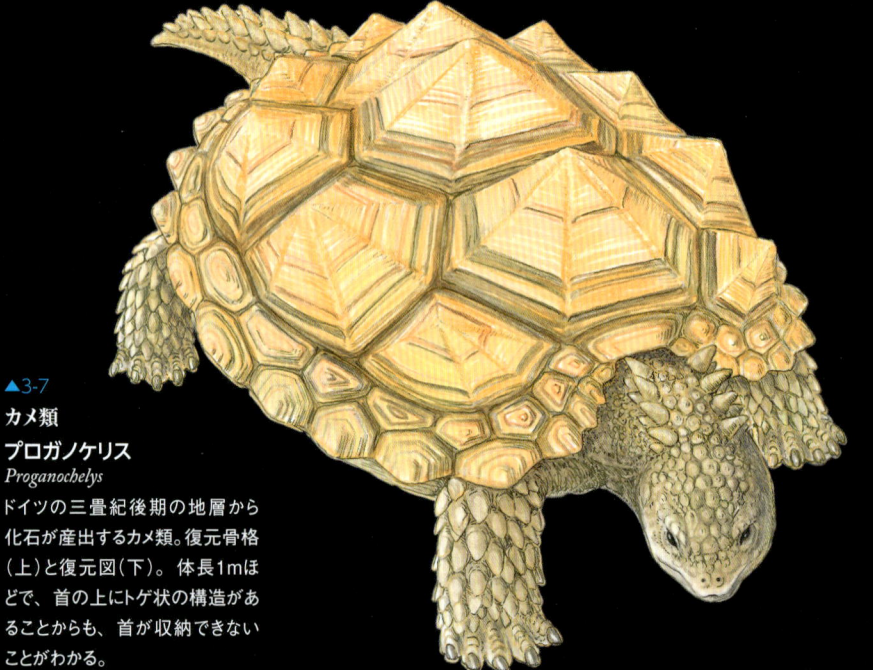

▲3-7
カメ類
プロガノケリス
Proganochelys
ドイツの三畳紀後期の地層から化石が産出するカメ類。復元骨格（上）と復元図（下）。体長1mほどで、首の上にトゲ状の構造があることからも、首が収納できないことがわかる。

(Photo：F.X. Schmidt, Staatliches Museum für Naturkunde Stuttgart)

とめていきたい。プロガノケリスは甲長50cm、体長1mほどと、甲長だけを見れば現生のガラパゴスゾウガメ(*Geochelone elephantopus*)の3分の2ほどの大きさである。もっとも、プロガノケリスの甲羅はガラパゴスゾウガメのように盛り上がっておらず、やや扁平だ。甲羅の縁には、前後に凹凸があった。陸上生活者であったことを物語るように、がっしりとした四肢をもち、肩も腰も完全に甲羅で覆われている。おまけに首にも尾にも骨の板が発達していた。そのため、甲羅の内部に首や尾を収納することはできなかった。

さて、ここで問題となってくるのは、カメの起源は海か陸かということだ。言い換えれば、カメをカメたらしめている甲羅は、海で発達したのか、それとも陸で発達したのか、ということである。

前の項で紹介した現在「最古のカメ」であるオドントケリスの発見は、李たちが主張するように甲羅が海で発達した可能性を示唆することになった。しかし、プロガノケリスやそのほかの原始的なカメはすべて陸上種なのだ。いわゆる本格的なウミガメが登場するのは、オドントケリスの登場から1億年以上先の白亜紀のなかばになる。はたしてカメの起源は海なのだろうか？

オドントケリスの四肢が鰭ではなく指であることは、彼らが水中で進化してきたものではないことを物語る、という指摘もある。つまり、オドントケリスよりも前に"真の祖先"たる陸上のカメがいて、オドントケリスが二次的に海洋に進出した存在である可能性も捨てきれないのだ。その場合、オドントケリスが背側の甲羅をもたないことは、海洋進出の際に起きた進化だった可能性も出てくる。いわばオドントケリスは異端児であり、のちのカメ類とは系統的につながらないことになるのだ。

海か、陸か。議論は続いている。

三畳紀

4 テイク・オフ！

肋骨で飛ぶ

　爬虫類による空への挑戦は、ペルム紀にすでに始まっていた。当時、史上最初の飛行脊椎動物として**コエルロサウラヴス**（*Coelurosauravus*）がいた。 4-1 前脚の付け根近くを基点とした翼をもち、木から木へと滑空していたとみられている。

　天敵のいない空に進出したコエルロサウラヴスだが、その系統はペルム紀末の大量絶滅を前に絶えてしまう。しかし、爬虫類による空への進出の試行錯誤は、三畳紀においても続けられた。

　三畳紀後期になって登場した滑空性の爬虫類の一つが、クエネオサウルス類である。このグループは、イギリスから化石が産出する**クエネオスクース**（*Kuehneosuchus*） 4-2 と**クエネオサウルス**（*Kuehneosaurus*） 4-3 （ともに全

▲4-1
爬虫類
コエルロサウラヴス
Coelurosauravus
ペルム紀のドイツに生息していた。本書執筆時点で、最も古い「空飛ぶ脊椎動物」。詳しくは『石炭紀・ペルム紀の生物』第2部第2章を参照。

▶4-2
クエネオサウルス類
クエネオスクース
Kuehneosuchus
滑空性とみられる爬虫類の一つ。肋骨を広げて飛んでいたとみられている。よく似たクエネオサウルス類のなかでは、"翼"が大きいことが特徴。

66 | 三畳紀

▶4-3
**クエネオサウルス類
クエネオサウルス**
Kuehneosaurus
滑空性とみられる爬虫類の一つ。クエネオスクースと比較すると"翼"が小さい。

▲4-4
**クエネオサウルス類
イカロサウルス**
Icarosaurus
滑空性とみられる爬虫類の一つ。クエネオスクースやクエネオサウルスと比較すると、一回り以上小型である。

長70cm前後)、アメリカのニュージャージー州から化石が産出する**イカロサウルス**(*Icarosaurus*)(全長20cm前後)4-4 がよく知られている。いずれの種も短い首に小さな頭、長い尾をもち、肋骨に独特の特徴がある。背から腰にかけての肋骨は腹側に回り込まず、その先端から側方へ向かって細く長い骨が関節しているのだ。その骨の長さは、たとえばクエネオスクースで最大13cmにも達した。各骨の間には、皮膜が張っていたとみられており、これによって「翼」をつくっていたようだ。アメリカ、ヴァージニア自然史博物館のニコラス・フレ

67

イサーは、著書『DAWN OF THE DINOSAURS』（2006年刊行）のなかで、クエネオサウルス類のことを「最も謎の多いグループの一つ」として紹介している。

　もっとも、この翼の構造は、古生物だけに見られる特徴というわけではない。現在でもトビトカゲ（*Draco*）の仲間が同じような構造の翼をもち、しかも彼らはその翼を折りたたむことができ、滑空時にのみ広げて生活している。

　クエネオサウルス類の"飛行性能"はどれほどのものだったのか？

　近年になって、その分析結果が複数発表されている。ドイツ、ボン古生物学研究所のコーエン・シュタインたちは、2008年に、航空力学的な理論と模型を使った実験によって解析した研究を発表した。シュタインたちによれば、クエネオスクースは、水平から13〜16度の角度をつけて秒速7〜9mで滑空することが可能であり、頭部を舵として使うことで滑空中の旋回もできたという。一方で、クエネオスクースと比べると翼が3分の1ほどしかないクエネオサウルスは、滑空することはなかったという。おそらくその翼は、秒速10〜12mで落下するためのパラシュートとして使用されたのではないか、ということである。

　……クエネオスクースとクエネオサウルス。ややこしい名前だが、もう少しおつきあいいただきたい。

　現生のトビトカゲの研究から、クエネオスクースやイカロサウルス、そしてペルム紀のコエルロサウラヴスなどの飛行性能に迫ったのは、アメリカ、カリフォルニア大学のジミー・A・マクガイアと、ロバート・ダドレイである。彼らが2011年に発表した研究によれば、これらの種のなかで最も飛行性能が高かったのはイカロサウルスで、クエネオスクースやコエルロサウラヴスが飛行するためには、それなりの強い風が必要だった。

　こうした飛行性能の議論のほかに、クエネオサウルス類には、「産地の謎」も存在している。クエネオスクースの化石が産出するのは、イギリス、イングランド地方のボスクームである。「最も謎の多いグループの一つ」

と評したフレイサーが、『In the Shadow of Dinosaurs』（1994年刊行）に寄せた原稿によれば、ボスクームからは多量のクエネオスクースの化石が出るにも関わらず、ほかの動物の化石が産出しないのだ。なぜ1種だけの化石が豊富に産出するのか、その答えは出ていない。

ちなみに、これはまったくの余談だが、「ボスクーム」と「謎」というキーワードから「ボスコム渓谷の惨劇」をパッと思いついたあなたはきっと自他ともに認めるシャーロッキアンだろう（お恥ずかしながら、筆者は地名の裏取り作業中に行き当たっただけで、思いつきはしなかった）。ワトソンへ届くホームズからの電報で始まるこの短編は、もちろんホームズによる解決をみる。クエネオサウルス類をめぐる謎は、今後、どのように展開するのか期待したいところだ。なお、「ボスコム渓谷の惨劇」が気になった方は、本書巻末の参考文献欄をご覧いただきたい。

後翼

クエネオサウルス類の登場とほぼ同じころ、生命史においてちょっと異色の翼をもつ爬虫類が、現在のキルギスタンに当たる地域に出現していた。**シャロビプテリクス**（*Sharovipteryx*）だ。[4-5]

シャロビプテリクスは全長約23cmの爬虫類で、その体の半分以上は細い尾である。最大の特徴は、長さ10cmほどの後ろ脚だ。この脚のくるぶしから尾の付け根まで、皮膜をもっていたのである。つまり、後ろ脚に翼がある。この翼を使い、木から木へと滑空しながら生活を送っていたとみられている。

生命史上、飛行能力をもった脊椎動物というのは少なくない。ペルム紀のコエルロサウラヴスをはじめ、紹介したばかりのクエネオサウルス類、のちほど紹介する翼竜、そして鳥類、コウモリの仲間などさまざまである。しかし、いずれも腰より前（頭側）に翼をもち、翼竜や鳥類、コウモリの仲間などは、前脚を使ってその翼を支えていた。翼竜の場合、後ろ脚から尾の基部まで皮

◀▲4-5
爬虫類
シャロビプテリクス
Sharovipteryx
キルギスタンから産出したシャロビプテリクスの化石。この画像における母岩の底辺が約5.5cm。上の復元図のように、「後翼の爬虫類」として知られているが、発見されている化石がほぼこの1標本だけであるため、今後の発見・研究に期待するところが大きい。
(Photo：The Borissiak Paleontological Institute of Russian Academy of Science)

膜をもつように復元されるケースもあるが、その面積が前脚の皮膜の面積をこえることはけっしてない。シャロビプテリクスは、「後ろ脚の皮膜が、主な飛行翼となる」という1点をもってして、じつに稀有な存在なのだ。

後ろ脚に翼をもつなんて、戦闘機じゃあるまいし、重心とかいろいろ大丈夫なのか？　と思われる方もいる

かもしれない(「戦闘機?」と思った方は、ぜひ「震電」や「クフィル」、「グリペン」というワードを、インターネットで検索してみてほしい)。アイルランド、ユニバーシティ・カレッジ・ダブリンのG・J・ダイクたちは、航空力学をもってシャロビプテリクスの飛行能力を計算した。2006年に発表されたその論文によれば、大方の予想どおり、後ろ脚のくるぶしから尾に張る皮膜だけでは、十分な飛行をすることができないという。

　ところが、じつはシャロビプテリクスの化石標本を見ると、大腿骨の前にも小さな皮膜のような痕跡が確認できる。ただし、この皮膜がいったいどこからどこにかけて付いているのかはよくわからない。過去の復元では、この皮膜は無視されたり、前脚の肘と後ろ脚の膝を結ぶように脇腹から張られたり、あるいは前脚から脇腹に向かってささやかに張られたりしてきた。

　ダイクたちは2006年の研究で、膝から前脚の付け根、つまり脇下に向かって皮膜が張られるという新たな復元を提案した。これによって、飛行中のシャロビプテリクスは、後ろ脚を左右に広げることで、脇下と足のくるぶし、尾の基部を結ぶ三角形の翼がつくられることになる。まさに戦闘機の翼のようである。

　さらに、ダイクたちはより大胆な復元を提案している。前脚にも小さな皮膜があったのではないかというのだ。そして彼らは、その皮膜は前脚の肘関節の内側(つまり頭側)から、頭の付け根まで張られていたのではないか、と考えたのである。つまり、肩より前にも小さな翼があったというわけだ。航空機の世界では、この小さな翼を「前翼(カナード)」という。先ほど「震電」などの例を挙げた。すでにご存知の方、調べていただいた方には、そのたとえが誤っていないことをご理解いただけたと思う。

　ダイクたちは、まさにこの小さな翼は前翼として使われていたとしている。前翼の面積は、後ろ脚の10分の1ほどもあれば十分で、翼があることによって、とくに離着陸時の安定性が向上するという。ダイクたちは、前翼をもったシャロビプテリクスの飛行性能は、現生の

トビトカゲ類を上回ると指摘している。

　もっとも、この前翼に関しては、あくまでも「もしもそこに皮膜があったら」という仮定に基づいている。化石にそれが確認されたわけではない（もちろん、「皮膜がない」という証明もできていない）。

　結局のところ、シャロビプテリクスをめぐる問題は、いかに良質な化石標本を得られるか、ということにかかっている。じつはこうした議論の元になっている、ほぼ完全な標本というものは、最初に発見された1体しか存在していないのだ。そのため、飛行能力をめぐる問題はもとより、いったいこの爬虫類が、ほかのどの爬虫類と近縁なのかについてもよくわかっていない。

▶▶4-6
爬虫類
ロンギスクアマ
Longisquama
キルギスタン、フェルガナ盆地から産出した化石（完模式標本）。前半身の骨格と、そこから放射状にのびる構造が見て取れる。スケールバーは1cmに相当する。復元図は右ページに。
（Photo：John A. Ruben）

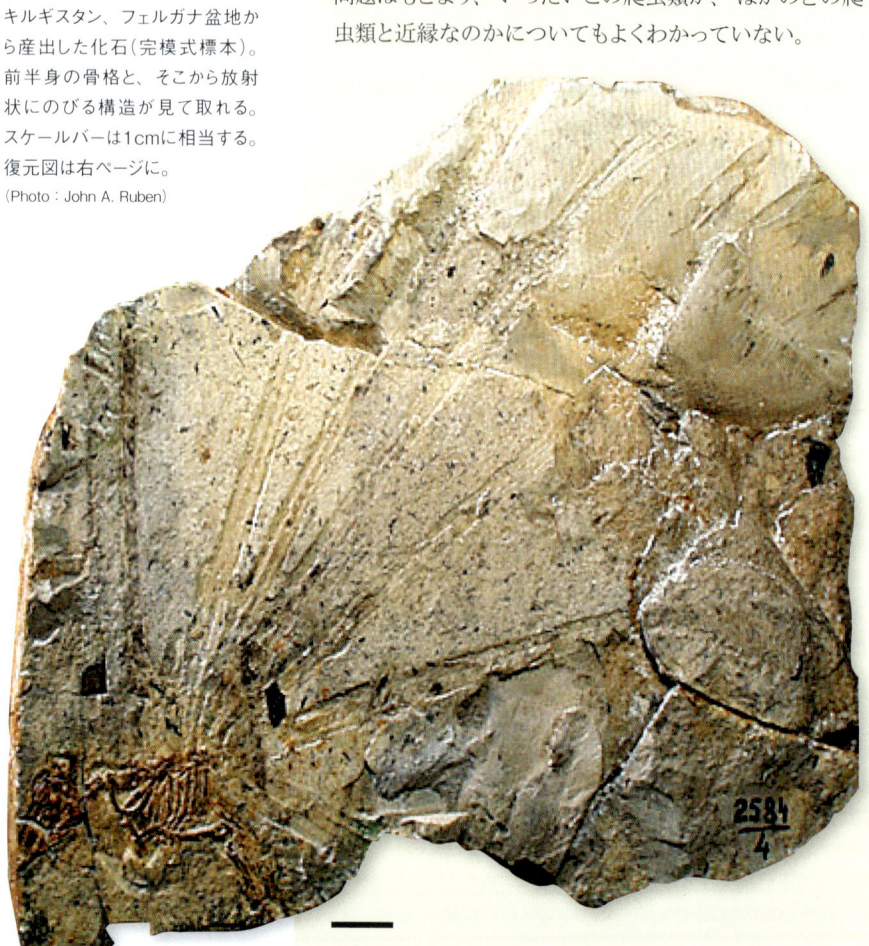

奇妙な"鱗"のもち主

　シャロビプテリクスと同じ地層からもう1種類、系統のはっきりとしない、じつに珍妙な爬虫類の化石が発見されている。**ロンギスクアマ**（*Longisquama*）だ。[4-6]

　ロンギスクアマは、後ろ脚をはじめとした後半身の骨格が発見されていないため、全身像は不明とされる。しかし、その珍妙さを伝える部位はしっかりと化石に残っていた。背に細長くて薄い鱗のような構造が並んでいるのである。

　この鱗は、アイスホッケーで使われるスティックのような形状をしており、先端に行くほど太くなる。そして、先端は少し後ろを向いている。ロンギスクアマの背中には、この「スティック状の鱗」が背骨に沿って少なくとも7本並んでいた。頭に近いものほど長い傾向にあり、最も長いものは15cmにおよぶ。最も短い、腰の上に位置しているものでも、10cmはあった。

ロンギスクアマの復元図

　いったい、なぜ、このような鱗をもっているのか？
　じつはこれに対する答えがまったくといってよいほど定まっていない。代表的なアイディアとしては、この鱗は背中に2列になっていて、水平方向に開くことができた（あるいは開いていた）というものがある。つまり、翼をつくっていたというわけだ。発見されている前足の指の形状から、ロンギスクアマが樹上で生活していた可能性が指摘されている。彼らの指は枝をつかむことができたのだ。また、頭部に並ぶ歯は小さく、その形から昆虫食だった可能性も高い。こうした点に着目して、鱗を翼として使い、獲物である昆虫を追いかけて木から木へと滑空していたというわけだ。関連したアイディアとしては、じつは、この構造は鱗ではなく、羽根ではないかという見方もある。

　しかし、そもそも2列であったという痕跡は既知の標本では確認されておらず、翼を形成できていたというのは推測にすぎない。

　いささか諦観した感のある見方では、この鱗はそもそもロンギスクアマのものではない、というものもある。

未知の植物の葉ではないか、というのだ。いまだ発見されていない植物の葉が落ちていた場所でロンギスクアマが死に、偶然にもそれがまるで背中の構造物であるかのように並んで化石化したというのである。

こうした議論は、1970年にロンギスクアマがはじめて報告されてから続けられている。しかし、発見されている標本数が少ないため、いずれも決め手に欠けているのが現実だ。

2009年には、ドイツ、フライベルク工科大学（当時）のセバスチャン・フォイトたちが、新たなアイディアを提案している。フォイトたちは、鱗そのものを詳細に観察して、じつはこれが鱗ではなかったと結論づけた。羽根でもないという。

フォイトたちの分析によれば、これは軸をもった皮膚の1種であるという。そして、1列しかなかったとした。

フォイトたちは、この「皮膚の列」は可変型であったとみている。もち主であるロンギスクアマは、"通常時"はこのスティック状の皮膚を背中の軸に沿ってたたんでおり、天敵などへの威嚇や、異性にアピールするときに起こして使っていたのではないか、というわけだ。何らかの擬態であった可能性もあるという。

いずれにしろ、シャロビプテリクスと同じように、ロンギスクアマもまた、これまでに発見されている標本数が少なすぎる。頭部から前脚、背の構造までがそろって発見されているものは、わずか1標本にすぎないのだ。いずれかの見方が正しいのか。こちらも今後の発見によるところが大きい。

翼竜の登場

およそ恐竜に少しでも興味をもったことがある読者ならば、「翼竜」という言葉から、その姿を（漠然とでも）思い起こせるのではないのだろうか。「プテラノドン（*Pteranodon*）の仲間」といった方がわかりやすいかもしれない。大きな翼を広げて大空を飛び交うアノ生き物だ。

翼竜は三畳紀だけではなく、中生代全体を代表する

「空飛ぶ爬虫類」だ。恐竜にすこぶる近縁な動物だけれども、恐竜そのものではないので注意が必要である。したがって、いまだにときどき新聞などで見かける「空飛ぶ恐竜」という表現は正しくない。

　翼竜に関しては、ドイツ、フンボルト大学自然史博物館（当時）のディヴィッド・M・アンウィンが著した『THE PTEROSAURS FROM DEEP TIME』（2006年刊行）と、イギリスのポーツマス大学のマーク・P・ウィットンが著した『PTEROSAURS』（2013年刊行）、2007年に日本全国の博物館で巡回展示された企画展「世界最大の翼竜展」、および2012年に福井県立恐竜博物館で開催された特別展「翼竜の謎」の図録が良い資料となる。これほどまで有名な動物群であるにも関わらず、翼竜に関する書籍は洋の東西を問わず少ない。そのなかで、専門家による2冊と、日本国内で開催された企画展・特別展の資料が存在するのはありがたい。

　さて、翼竜である。彼らの大きな翼は1枚の皮膜でつくられており、その皮膜は腕と1本の指（薬指）だけで支えられていた。これはほかの主要な飛行脊椎動物と異なる点で、たとえばのちに登場する鳥類の翼は腕全体で多数の羽根を支えるし、コウモリは腕と4本の指で皮膜を支えている。指の骨が1本だけ長くのびて、それが皮膜を支えているというのは、翼竜だけに見られる特徴なのである。

　翼竜の最初の化石（「最古」ではなく、人類によって最初に学術研究された化石）は、1784年に報告された。なんと18世紀である。日本では江戸時代に当たり、田沼意次（経済改革を行った徳川幕府の重臣）や杉田玄白（解体新書の人）、伊能忠敬（日本地図の人）、長谷川平蔵（鬼の……）などの人物が活躍していたあたりだ。この記録は、恐竜のそれより30年以上も早い。それにも関わらず、現在までに発見されている個体数、種数が少なく、したがって情報も恐竜ほどは多くないというのが実情だ。その原因の一つは、翼竜の骨が壊れやすく、化石に残りにくい点にあるとされる。

　鳥類などの飛行脊椎動物に共通する点として、翼竜

▲4-7
翼竜類
エウディモルフォドン
Eudimorphodon
イタリアの三畳紀後期の地層から化石が産出した翼竜。「初期の翼竜」の代表的な存在で、翼開長は1mほど。詳細は本文にて。
(Photo：福井県立恐竜博物館)

　の骨は「中空」になっている。文字どおり、骨の中が空洞状になっているのである。ゆえに骨が壊れやすいのではあるが、これは軽量化の一環であるとみられている。翼竜の骨にはもう一つ特徴がある。胸には胸骨、背にはノタリウムという筋肉の付着面があり、それがほかの地上性の動物よりも広いのだ。こちらの特徴は、羽ばたく翼を支えるための丈夫な筋肉が付いていたことを物語っている。

　そんな翼竜が最初に登場したのが、三畳紀後期にあ

たる約2億2500万年前のことである。本項の冒頭に翼竜の例としてプテラノドンを紹介したが、プテラノドンは白亜紀の翼竜だ。初期の翼竜は、プテラノドンに代表される後期型の翼竜とはかなり異なる姿をしていた。

最古級の翼竜化石は、イタリア北部やオーストリアなどからいくつか発見されている。三畳紀当時は、テチス海に面したラグーンや海岸があったとされる場所である。代表的な種は、**エウディモルフォドン**(*Eudimorphodon*) 4-7 と**プレオンダクティルス**(*Preondactylus*) 4-8 だ。

▲4-8
翼竜類
プレオンダクティルス
Preondactylus
エウディモルフォドンと並ぶ「初期の翼竜」の代表種。エウディモルフォドンよりも小型で、翼開長は50cmほど。詳細は本文にて。
(Photo:福井県立恐竜博物館)

エウディモルフォドンもプレオンダクティルスも、有名なプテラノドンと比較するとはるかに小さな翼竜である。エウディモルフォドンは翼開長約1m、プレオンダクティルスに至っては翼開長約50cmしかない（プテラノドンは翼開長7m前後）。いずれも、ヒトの成人が両手を広げれば十分上回る大きさである。ほかにもプテラノドンのような後期型の翼竜と比べると、初期の翼竜は首が短く尾が長いという点、頭部が小さい点などが異なる。また、両種ともに口には小さな歯が並ぶが、エウディモルフォドンの歯は小さなものだけではなく、数本の大きくて長い歯もある。これらの歯は、口先に近い位置に集中していた。

エウディモルフォドンの"奥歯"は、シンプルな円錐形ではなく、歯の頭に三つから五つの峰（正確には「咬頭（こうとう）」という）がある。化石の腹の場所からは魚類の鱗が発見されていることから、エウディモルフォドンの主食は魚だったとみられている。

▍高さによる「棲み分け」が始まった？

フランス国立自然史博物館のセバスチャン・ステイヤーは、著書『EARTH BEFORE THE DINOSAURS』（原著は2009年刊行。英語版は2012年刊行）のなかで、三畳紀後期の森では、高度ごとに異なるタイプの動物種が暮らす、高さによる「棲み分け」が始まっていた、と指摘している。本章の最後に、ステイヤーの見方を紹介しておきたい。

背の高い樹木の林冠付近には、最も飛行能力の高い翼竜たちが暮らしていた。彼らは森の最も高層域を生活の場とし、昆虫などを捕食しながら飛び交っていた。

最上層とはいかないまでも、比較的高層域に暮らしていたのは、滑空性の爬虫類である。ステイヤーは、「?」付きでロンギスクアマ（▶P.73）を挙げている（「?」が付いているのは、前述のとおり、この動物が本当に飛行能力をもっていたのかどうかがわからないからである）。

中層を中心に生活していたものとして、飛行能力の

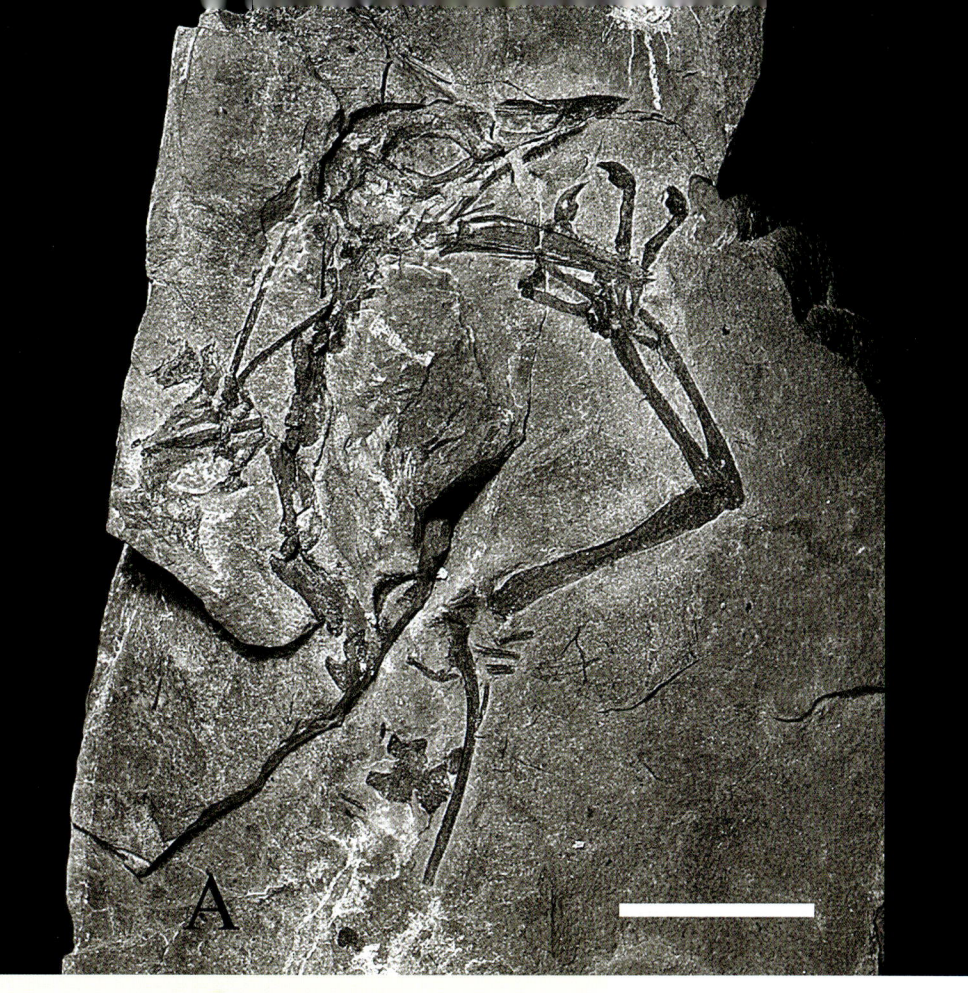

◀▲4-9
爬虫類
メガランコサウルス
Megalancosaurus
イタリア北部の三畳紀後期の地層から発見された化石。長い指と指先のつめがはっきりと確認できる。白いスケールバーは2cmに相当する。左はメガランコサウルスの復元図。全長25cm。尾の先の小さなつめ構造も本種の特徴の一つ。

(Photo：the Museo Friulano di Storia Naturale, Udine Italy)

▲4-10
爬虫類
ヒプロネクター
Hypuronector
全長10cmの爬虫類で、前半身の化石は未発見である。ここまでに知られている限りの最大の特徴は尾だ。まるで植物の葉のような形になっていた。

ない樹上性の爬虫類が挙げられている。ステイヤーが例としているのは、**メガランコサウルス**(*Megalancosaurus*) 4-9 と**ヒプロネクター**(*Hypuronector*)だ。4-10

　メガランコサウルスは全長25cm程度の小型の爬虫類で、その半分以上は長い尾が占めている。尾は可動性に優れ、その先端にはちょっとしたつめ状構造もあり、樹木の枝に巻きつけるには最適な構造をしていた。また、前足の指は3本と2本、後ろ足の指は4本と1本がそれぞれ向かい合って配置されており、このことも、枝をつかむことができたことを意味している。首は長く、筋肉を支える骨の面積が広いので、すばやく動かすことができたようだ。これは、自身の体を固定したままの狩りに有効である。ステイヤーによれば、こうした特徴の多くは、メガランコサウルスが現生のカメレオンの仲間のような暮らしをしていたことを示唆しているという。

　ヒプロネクターは全長10cmほどと、メガランコサウルスの半分にも満たない大きさの爬虫類である。残念なことに頭部、頸部、両足の指の化石は未発見で、そ

80　｜　三畳紀

の復元をする術はない。それでも、この動物は、既知の部分だけで十分な存在感を示している。全長の半分以上を占めるであろう長い尾がやたらと腹側へ向かって幅が広いのだ。広くて、かつ、薄いのである。ステイヤーは一つの見方として、この広くて薄い尾を葉に見立てていたのではないか、としている。擬態である。

そして、森林の低層で暮らしていたものとして、ステイヤーは**ドレパノサウルス**(*Drepanosaurus*)を挙げている。4-11 全長40cmと、本章で挙げてきた爬虫類のなかでは比較的大型で、最大の特徴は尾の先端にフック状の"つめ"をもつこと、そして前足の人差し指が大きなかぎづめになっているということである。ステイヤーは、前足のかぎづめの類似から、ドレパノサウルスは現生のヒメアリクイ(*Cyclopes didactylus*)のような生態をしていた、としている。すなわち、後ろ脚と尾を使って樹木の枝に体を固定させ、前足のつめで樹皮をはぎ、その中の昆虫を食べていた、というわけである。ひょっとしたら、ヒメアリクイと同じように長い舌をもっていたのかもしれない。

こうした高さによる棲み分けがなされていたということは、それぞれの高さに応じた生態的地位が用意されていたことを意味しているとして、ステイヤーは論を結んでいる。

▼4-11
爬虫類
ドレパノサウルス
Drepanosaurus

全長40cmの爬虫類。尾の先にフック状の構造を、前足の人差し指にかぎづめをもつ。ここで挙げたメガランコサウルス以下の3種の爬虫類はみな、樹上生活者だったとみられている。

三畳紀

5 クルロタルシ類、黄金期を築く

ワニのようでワニでないものたち

　ここで三畳紀初頭に話を戻そう。細かいことはこれから触れるとして、まずはこのページに描かれた**サウロスクス**(*Saurosuchus*)のイラストをご覧いただきたい。5-1

　恐竜？　それともワニ？　そんな印象をもっていただ

▲5-1
クルロタルシ類
サウロスクス
Saurosuchus
まるで、かの「暴君竜」のような顔つきをしているが恐竜ではない。全長5m。詳細は本文にて。

82 ｜ 三畳紀

ければ、筆者としては嬉しい限りだ。

　ペルム紀末の大量絶滅から生態系が回復していくなかで、三畳紀初頭の陸上ではある爬虫類グループが台頭し始めていた。そのグループは一見すると現生のワニとよく似ている。……似ているが、「どこかがちがう」という印象の動物たちで、「クルロタルシ類」とよばれている。ここに描いたサウロスクスは、そんなクルロタルシ類を代表する種である。

　クルロタルシ類は、現生ワニ類の祖先を含むグループだ。したがって、「ワニと似ている」との印象はあながちまちがいではない。しかし、現生ワニ類は四肢が体

の横方向に突き出していて、いわゆる「這い歩き」をおもにする。これに対し、クルロタルシ類は体の下に向かってまっすぐ四肢がのびている。これは哺乳類や、次章で紹介する恐竜類と同じ特徴だ。ちなみにこの歩行様式を「直立歩行」という。「直立」とはいっても、人類のように二本足で背筋をピンッとのばして歩いていることを指すわけではないので、ちょっと注意が必要な単語である。

　クルロタルシ類は三畳紀に出現し、多様化し、一代の繁栄を築いたグループである。それにも関わらず、今ひとつ知名度が低い。おそらく「中生代＝恐竜時代」のイメージの影に隠れているのだろう。「恐竜」という言葉はそれだけのインパクトがある。ただし、あえてここで結論を述べてしまえば、三畳紀はけっして恐竜の時代とはいい切れなかった。むしろ、「クルロタルシ類の時代」だったといえるのである。

　日本においてクルロタルシ類が脚光を浴びたのは、2010年に六本木で行われた企画展がはじめてと思われる。この展覧会は、三畳紀をテーマにした珍しいもので、「地球最古の恐竜展」という名で国内各地で巡業も行われた。監修は北海道大学総合博物館の小林快次である。日本語のクルロタルシ類の資料は、この特別展の図録と、小林による『ワニと恐竜の共存』(2013年刊行)が詳しい。本章ではこの2冊を軸としながら、各種論文を参考に話を進めていくとしたい。

84 | 三畳紀

帆をもつ先駆者

クルロタルシ類のなかで最初に姿を現すのは、アメリカのアリゾナ州から化石が発見されている**アリゾナサウルス**(*Arizonasaurus*)である。5-2 化石は約2億4300万年前のもので、全身は発見されていないものの、全長は3mにおよぶと推測されている。鋭い歯があり、2003年にアリゾナサウルスの論文を執筆したアメリカ、カリフォルニア大学のスターリング・J・ネスビットによれば、当時の陸上生態系の頂点に君臨する動物だった。アリゾナサウルスは単に古いというだけではなく、独

▼5-2
クルロタルシ類
アリゾナサウルス
Arizonasaurus
アメリカ、アリゾナ州の三畳紀中期の地層から化石が発見されている。背中に帆をもつ。肉食性。全長3m。

◀5-3
単弓類
ディメトロドン
Dimetrodon
ペルム紀前期の代表的な動物。アリゾナサウルスと同じような帆をもってはいるが、その芯となる骨は形が異なる。

▶5-4
単弓類
エダフォサウルス
Edaphosaurus
ディメトロドンと同じく、ペルム紀前期の「帆をもつ単弓類」。

▲5-5
ディメトロドンの骨格
帆の"芯"となる骨は細い。多少のちがいはあるものの、エダフォサウルスのそれも、ほとんど同じである。群馬県立自然史博物館所蔵標本。
(Photo：安友康博/オフィス ジオパレオント)

◀5-6
アリゾナサウルスの棘突起。高さ約40cm。前後に平たい骨が背に並んでいた。ディメトロドンや、右ページのスピノサウルスのそれと比較されたい。
(Photo：Nesbitt, 2005, Historical Biology)

86　三畳紀

特の特徴をもっている。背に"帆"があるのだ。脊椎の一部（棘突起）が平たく長くのび、最も長いものでは80cmに達している。

　帆をもつ動物といえば、シリーズ前巻の『石炭紀・ペルム紀の生物』で紹介した**ディメトロドン**（*Dimetrodon*）5-3や**エダフォサウルス**（*Edaphosaurus*）5-4が有名である。両者は単弓類とよばれるグループに属し、ペルム紀の前期に隆盛をきわめていた。当時の地球は寒冷な気候で、そのなかで"帆"の存在は体温上昇に役立ったのではないか、という見方がある。

　しかし、アリゾナサウルスの帆は、ディメトロドンの帆ともエダフォサウルスの帆とも形状がちがっていた。皮膜を被せてしまえば大きなちがいは見えないかもしれないが、ディメトロドンやエダフォサウルスの帆を支える骨が棒状であることに対し5-5、アリゾナサウルスの帆を支える骨は板状なのである。5-6　こうした板状の骨は、のちの白亜紀に登場する恐竜、**スピノサウルス**（*Spinosaurus*）と同じだ。5-7　ちなみに、ネスビットによれば、2002年の夏に発見されたアリゾナサウルス標本の帆の骨の一部には、一度折れた後、治癒した痕跡があるという。5-8　ただし、なぜ帆の骨が折れたのかについ

▼5-7
恐竜類
スピノサウルス
Spinosaurus
「帆をもつ恐竜」として知られる。ただし、帆の部分の骨は、ディメトロドンとはちがって平たい形状だ。アリゾナサウルスの帆は、ディメトロドンなどよりも、こちらに近かった。なお、スピノサウルスについては『白亜紀の生物』にて詳しく触れる予定である。飯田市美術博物館所蔵標本。
（Photo：群馬県立自然史博物館）

▶5-8
アリゾナサウルスの棘突起に見られる"骨折の治癒痕"とその拡大。棘突起の一部（拡大部分）が、治癒によって膨らんでいることがわかる。標本長約20cm。拡大部分のスケールバーは1cmに相当する。
（Photo：Nesbitt, 2005, Historical Biology）

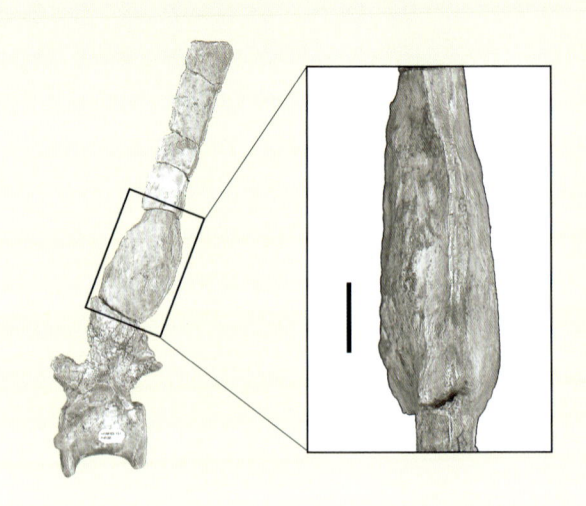

ては言及されていない。

　アリゾナサウルスは発見されている標本数が多いとはいえ、その帆の役割については未知の領域である。ディメトロドンやエダフォサウルスの帆の役割が議論されるレベルに達しているのは、発見されている個体数が多いためで、骨を切断して内部構造を観察するという研究さえ行われてきた。アリゾナサウルスに関してはまだその領域に達していない。一方、類似の帆をもつスピノサウルスに関しても、やはり標本数の少なさから、帆の役割についてはよくわかっていない。

　はたして、帆は何のためにあったのか？　体温調整に用いたのか。それとも、現生のアメリカバイソン（*Bison bison*）のように筋肉の付着面として機能したのか。あるいは、異性へのディスプレイだったのか。威嚇用だったのか。議論の進展のためにも今後の発見に期待したいところだ。

装甲をもつもの

　三畳紀後期、パンゲア大陸上で一大繁栄をとげたクルロタルシ類のグループが「アエトサウルス類」である。前述の『ワニと恐竜の共存』によれば、のちのワニ類と最も近縁なグループでありながらも、現生ワニ類には見

られない特徴があるという。それは食性だ。アエトサウルス類は植物を食べていたのである。念のために触れておくと、現生ワニ類はすべて肉食性である。

アエトサウルス類は、太い尾、太くて短い四肢のもち主で、体高は成人男性の膝にも届かないくらい重心が低い。そして植物食であるということ以外にも、このグループには特筆すべき特徴がある。背、尾、腹に骨でできた装甲板をもっていたのだ。脊椎動物の進化についてまとめられた『脊椎動物の進化 原著第5版』（2004年刊行）では、「難攻不落」という言葉でアエトサウルス類を表現しているほどである。

アエトサウルス類の代表種は、なんといっても、グループ名にもなっている**アエトサウルス**(*Aetosaurus*)だろう。[5-9] 2010年に刊行された『TRIASSIC LIFE ON LAND』によれば、アエトサウルスの化石はドイツ南西部のシュトゥットガルトからカルテンタールにかけて分布する地層から産出するという。少なくとも22体の良質な骨格標本が発見されており、それゆえに情報量も多い。

アエトサウルスの全長は大きなものでも1.5mほどで、アエトサウルス類のなかでは小柄である。

◀5-9
アエトサウルスの復元図。全長1.5mほどで、背中に装甲が並んでいる。アエトサウルスは、アエトサウルス類の代表種で、さらに上位のグループとしてはクルロタルシ類に含まれる。

▶ら行

アエトサウルス類
アエトサウルス *Aetosaurus*
ドイツの三畳紀後期の地層から発見されたアエトサウルスの密集化石。背中の"装甲"がよくわかる。よく見ると頭部や脚なども残っている。全身を確認できる個体の全長が約70cm。本種についての詳細は前ページの本文と復元図にて。

(Photo：H.F. Haehl, Staatliches Museum für Naturkunde Stuttgart)

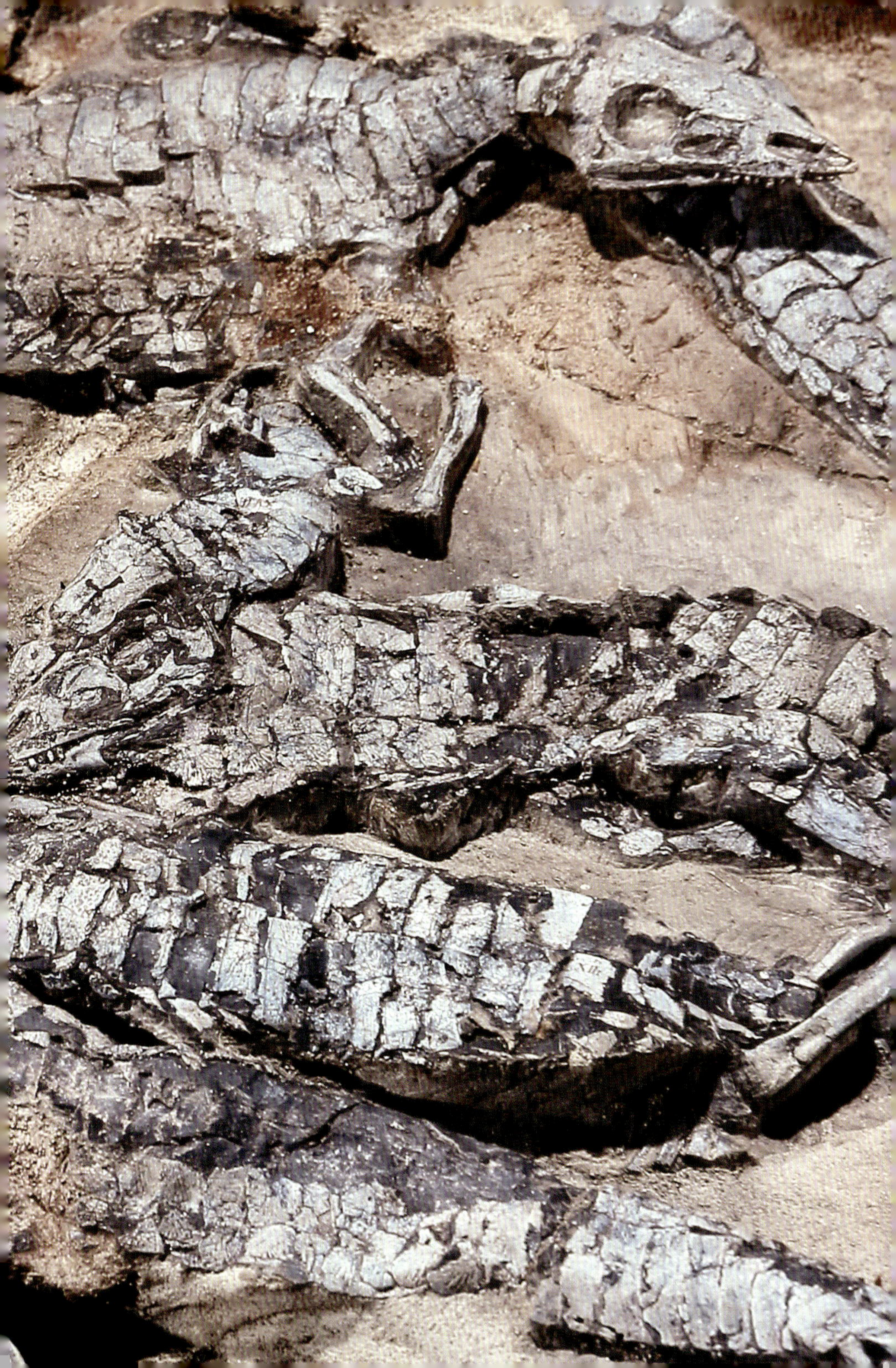

背中にある4列に並んだ装甲板をはじめ、腹側にも多数の骨の板が並んでいる。この上下にある装甲は尾においても同じであり、さらに四肢にまである。まるで戦国時代の武者の姿である。鼻先は尖っており、植物食とはいえ歯には鋭さも残っていることから、腐肉を食すこともあったのではないかと示唆されている。

アエトサウルスの装甲を、より"攻撃的"に発達させた姿をしているのは、アメリカのアリゾナ州やニューメキシコ州、テキサス州などから化石が発見されている**デスマトスクス**(*Desmatosuchus*)だ。5-10 最大の特徴は左右一対の長いトゲで、前から5列目、ちょうど肩の上に当たる装甲板からのび、緩やかにカーブを描きながら斜め後方を向いている。のちの恐竜類を彷彿とさせるその"武装"は、アエトサウルス類ばかりではなく、より上位グループのクルロタルシ類のものとしても珍しい。ちなみに、トゲは1〜4列目の装甲板の左右にものびており、後方ほど長くなっている。すなわち、トゲは首から肩に向かってしだいに長くなり、肩に当たる5列目

▼5-10
アエトサウルス類
デスマトスクス
Desmatosuchus
復元全身骨格。全長4.5mの体はアエトサウルス類のなかで大型級である。デスマトスクス属には複数種が報告されており、その分類に関しては議論がある。
(Photo：Ira Block/National Geographic Creative/Corbis/amanaimages)

でぐっと長く、鋭くなっているわけだ。そして、さらにその後ろの装甲板には、1列目や2列目と同等かそれ以下の長さのトゲが左右に付いていた（復元によっては、5列目以降の前半身にはトゲはない）。

　デスマトスクスの全長は4.5mにおよぶ。これはアエトサウルスの3倍近い値だ。（アエトサウルスが小型な方であるとはいえ）デスマトスクスはアエトサウルス類のなかでも大型だったのである。

　もう1種類、アエトサウルス類でぜひとも紹介しておきたい種がいる。全長2.7mほどと、アエトサウルス類では大型の部類に入る**スタゴノレピス**（*Stagonolepis*）だ。5-11　アエトサウルスとの大きなちがいは全長ではなく、その面構えにある。スタゴノレピスの鼻先はアエトサウルスのように尖ってはおらず、まるで現生のブタのようにつぶれていたのである。『Vertebrate Palaeontology』の第3版（2005年刊行）で著者のマイケル・J・ベントンは、この鼻は植物の根を掘り起こすために使われたのではないか、という見方を紹介している。

▼5-11
**アエトサウルス類
スタゴノレピス**
Stagonolepis
世界各地の三畳紀後期の地層から化石が発見されているクルロタルシ類。ぜひ、頭部先端の形をアエトサウルスの復元図（P.89参照）と比較してもらいたい。

▼5-12
**アエトサウルス類
アエトサウロイデス**
Aetosauroides
アルゼンチンの三畳紀後期の地層から化石が発見されているクルロタルシ類。スタゴノレピスとそっくりで、同種の可能性も指摘されている。全長3m。

さて、古生物学や地質学の世界には「示準化石」とよばれる化石がある。その化石が含まれることによって、地層の時代を特定することができる、そんな化石のことだ。良い示準化石というものは広範囲の地層から産出し、しかもその種の"生存期間"が短いものである。この条件を満たしやすいのは海棲の無脊椎動物で、とくに有孔虫や放散虫といわれる微小な生物の化石がよい。なぜなら、彼らは進化速度が速いために種としての生存期間が短く（生存期間が長いと、時代を絞り込めない）、なおかつ海流にのって広範囲に分布しているからだ。現に、長年の古生物学・地質学の研究の蓄積によって、地層に含まれる有孔虫化石の種類から、地層の堆積した時代がわかるようになっている。これが陸上においては、海とちがって地理的障害（山や川など）があるために、なかなか広範囲に分布する生物（の化石）がない。そこで、こうした地理的障害をこえて分布するものとして、花粉や胞子の化石が使われることが多い。

なぜ、ここで教科書的な話を書いたかといえば、スタゴノレピスは陸上脊椎動物として珍しく、示準化石の性能をそなえているとみられているからだ。スタゴノレピスは、スコットランドをはじめとして、ブラジル、ドイツ、アメリカなどから化石が産出する。三畳紀後期当時、陸地はすべて超大陸パンゲアとして一つになっていたとはいえ、これらの地域はけっして近くはなかった。アメリカ、ニューメキシコ自然史科学博物館のアンドリュー・B・ヘッケルとスペンサー・G・ルーカスは、2002年にアルゼンチンから新たにスタゴノレピスの化石を報告した。ヘッケルとルーカスによれば、この化石を含めて、それまでに報告されているスタゴノレピスの化石は、三畳紀後期のほんの一時期から産出しているという。広範囲から産出することとあわせて、そのほんの一時期を示す示準化石になり得るということだ。

なお、アルゼンチンの三畳紀後期の地層からは、ア

エトサウロイデス（*Aetosauroides*）というアエトサウルス類の化石も産出する。5-12 ヘッケルとルーカスによれば、アエトサウロイデスはスタゴノレピスとそっくりで、両種は同種の可能性があるという。この議論に関しては結論は出ていない。

走るもの

クルロタルシ類には、現生ワニ類とは似ても似つかないものもいた。その姿は全体的にスレンダーで、小さな頭と長い首、長い尾をもつ。前脚は短く、後ろ脚が長い。このため、二足歩行をしていたとみられている。およそワニの仲間とは思えない特徴をもつ彼らは、「ポポサウルス類」という、なんだか愛らしささえ感じる名のグループに属している。

ポポサウルス類は、先駆者として紹介したアリゾナサウルスの"直系"に当たるクルロタルシ類である。代表的な種類は、アメリカのネヴァダ州に分布する三畳紀後期の地層から化石が産出している**エフィギア**（*Effigia*）だ。5-13 全長は3mほどで、前述の特徴をそなえており、

▼5-13
ポポサウルス類
エフィギア
Effigia
アメリカ、ネヴァダ州の三畳紀後期の地層から化石が発見されているクルロタルシ類。全長3m。翼をつけると、次ページの恐竜とそっくりである。

かつ頭部には歯がなかった。

　もしも、あなたが恐竜に詳しい方であれば、エフィギアの姿を見て妙な既視感を覚えることだろう。1億年以上のちの時代に出現する、ある恐竜たちと似ているのだ。

　その恐竜たちとは、オルニトミモサウルス類である。5-14 「ダチョウ（型）恐竜」ともよばれる中型恐竜のグループだ。やはりスレンダーな体つきで、小さな顔、短い前脚、長い後ろ脚をもち、二足歩行で白亜紀の世界を走り回っていたとされ、「恐竜界最速」ともいわれている。近年の研究によって、オルニトミモサウルス類は羽毛をもち、翼をもつように復元されることが多いが、羽毛を鱗に置き換えて翼をむしり取ってしまえば、オルニトミモサウルス類とエフィギアの姿（より正確にいえば、その骨格）はよく似ている。

　実際、エフィギアに近縁な種を、オルニトミモサウルス類と見誤って論文を出してしまった研究者もいるというくらいだ。この類似は、「速く走る」ということに対して起きた収斂進化であるとみられている。たがいに独立したグループながら、ポポサウルス類もオルニトミモサウルス類も、速く走ることを追求した結果、姿かたちが似通ったというわけである。

▶5-14

オルニトミモサウルス類
白亜紀に生息していた恐竜。翼や羽毛を"むしって"しまえば、前ページのエフィギアとそっくりになるだろう。"恐竜界最速"といわれる足のもち主たちである。なお、オルニトミモサウルス類については、『白亜紀の生物』にて詳しく触れる予定だ。

そして、頂点に立つ

『ワニと恐竜の共存』のなかで、著者の小林によって「ティランノサウルス類との収斂といっても過言ではない」と、鳴り物入りで紹介されているクルロタルシ類のグループがある。

「ラウィスクス類」だ。本章冒頭で紹介したサウロスクスを含むグループである。鋭く大きな歯が並び、いかにも「肉食動物でござい」といった感のある幅の広い頭部が特徴的だ。当時、恐竜類はすでに登場していたにも関わらず（詳しくは次章で紹介する）、のちのジュラ紀や白亜紀のようにほとんどが大型化するということはなかった。その理由の一つには、ラウィスクス類の存在があったとされる。彼らが生態系の頂点にどっしりと鎮座していたために、恐竜たちは大型化することもなければ、強者にもなり得なかったというのである。

先ほどから紹介しているサウロスクス 5-15 は、アルゼンチンやアメリカのアリゾナ州から化石が産出している。三畳紀後期の始まりからなかばにかけて生存していたラウィスクス類で、全長は5m、そして、長さ70cmにおよぶ頭骨をもっていた。両手足をついて歩く四足歩行型であり、首は太く短く、尾は長い。

ちなみに、「収斂」として例に挙げられるティランノサウルス類では、たとえば最大種である**ティランノサウルス・レックス**(*Tyrannosaurus rex*)は全長12mで、頭骨は長さ1.5mにおよぶ。5-16 シンプルにサイズだけを比較すると、ティランノサウルス・レックスの圧勝だ。しかし、ティランノサウルス・レックスの全長に占める頭骨の割合は約13%であることに対し、サウロスクスの場合は約14%なので、割合で見ればほぼ同じである。何よりも、幅のある頭部と鋭くて大きな歯は、たしかにティランノサウルス類とそっくりだ。

サウロスクスの化石が発見される地層からは、ほかにもアエトサウルス類や、大型の単弓類、両生類、小型の恐竜の化石も産出している。ベントンは、前述の『Vertebrate Palaeontology』のなかで、これらの動物

▼▶5-15
クルロタルシ類
サウロスクス
Saurosuchus
全身復元骨格。ティランノサウルスとよく似た大きな頭部をもつ。下は復元図。全長5m。
(Photo：林 敦彦/NewtonPress：
『Newton』2010年10月号より)

98　三畳紀

▶5-16

恐竜類
ティランノサウルス
Tyrannosaurus
白亜紀末期のアメリカに君臨していた肉食恐竜。その大きな頭部は、サウロスクスとの収斂進化ともされる。なお、ティランノサウルスについては『白亜紀の生物』にて詳しく触れる予定である。

すべてがサウロスクスの獲物であった可能性を指摘している。

5mというサウロスクスの全長は、この時代としては比較的大型である。実際、本書でこれまで紹介してきた陸上動物のなかには、これを上回るものはない。しかし、サウロスクスの出現から2000万年ほどのちの三畳紀最末期になると、ラウィスクス類のなかに、サウロスクスを大幅に上回る巨体のもち主が出現した。**ファソラスクス**(*Fasolasuchus*)である。 5-17

ファソラスクスの化石は、サウロスクスと同じ地域から産出する。部分化石しか発見されていないものの、推測される全長は10mにおよぶ。まさに大型の肉食恐竜並のサイズである。参考までに、いわゆるリムジンカー（リンカーンリムジン：映画などでセレブな方々が運転手つきで乗っているアノ車だ）の長さが9m弱である。高さを比べるなら、ファソラスクスの体高は、リムジンカーの車高よりも少し高いといったところだ。

サウロスクスやファソラスクスに代表されるラウィスクス類は、まさに「クルロタルシ類の黄金時代の象徴」といえるだろう。三畳紀において、クルロタルシ類は生態系の頂点に立ち、その一方で植物食性の獲得など、

▼5-17
ラウィスクス類
ファソラスクス
Fasolasuchus
サウロスクスよりも2000万年ほどのちに出現したクルロタルシ類。推測全長10mという"大物"である。

三畳紀

多様化も進めていた。彼らはまちがいなく「時代の主役」だったのだ。

イスチグアラストに見る「三つ巴の時代」

サウロスクスとファソラスクス、そしてアエトサウルス類の項で紹介したアエトサウロイデス (▶P.94) の化石は、同じ地域から産出している。ここで、その産地—アルゼンチンのイスチグアラスト／タランパヤ自然公園群—について紹介しておきたい。

イスチグアラスト／タランパヤ自然公園群は、アルゼンチン北西部にある。すぐ西側にはアンデス山脈が連なり、その向こう側はチリ、という位置だ。もともと、サン・ファン州の「イスチグアラスト州立公園」とラ・リオハ州の「タランパヤ国立公園」というように別個の公園だったが、2000年に両者をまとめて「イスチグアラスト／タランパヤ自然公園群」とし、ユネスコの世界自然遺産に登録した。長年の風雨によって地層が削られてできた奇岩や壮観な絶壁を数多く見ることのできる地として知られ、一般向けの観光ツアーも組まれている。広さは2750km²におよび、これは東京都1.3個分の面積に相当する。

この広い地域は、三畳紀の中期から後期にかけての地層が分布していることから、当時の陸上世界を知るうえでとても重要な場所とされている。なにしろ、豊富なクルロタルシ類の化石ばかりではなく、最古級の恐竜化石もこの地から産出するのだ。

順を追って話していこう。イスチグアラスト／タランパヤ自然公園群 (当時のイスチグアラスト州立公園) に最初に注目した古生物学者は、アメリカ、ハーバード大学のアルフレッド・S・ローマーであるという。この人物は、本書の前巻である『石炭紀・ペルム紀の生物』にも登場しており、「ロー

マーの空白」に関連して紹介した（もし、「ローマーの空白」にご興味をもたれたら、同書の第1部第2章を参考にされたい）。

　ローマーが調査をしたのは1958年のこととされる。その後、1961年と1963年に地元のアルゼンチン人によって発掘調査が行われ、数体の恐竜化石が報告された。1971年には、ローマーの弟子に当たる古生物学者のウィリアム・シルが発掘調査を行い、またも恐竜化石が発見されている。そして、1988年と1991年になって、恐竜研究者として知られるアメリカのポール・セレノが、シカゴ大学とサン・ファン国立大学による合同調査チームを率い、これまでになく完全な恐竜化石を発見した。この恐竜化石こそが、初期恐竜の代表種として知られる**エオラプトル**（*Eoraptor*）である（エオラプトルについては、次章で詳しく触れる）。5-18

　その後も、サン・ファン国立大学自然科学博物館によって発掘調査は進められており、多くの新種が発見されている。

▶5-18
恐竜類
エオラプトル
Eoraptor
最古級の恐竜の一つ。
全長1m。詳細は次章にて。

こうして見えてきたのは、この地における三つ巴の様相だ。ペルム紀の支配者だった単弓類の生き残りと、三畳紀の支配者であるクルロタルシ類、そして、のちの時代の覇者となる恐竜類が同時期に同じ場所に存在し、苛烈な生存競争を繰り広げていたのである。

　恐竜類に関しては次章に譲るとして、ここではイスチグアラスト／タランパヤ自然公園群を代表する単弓類と、ここまでに紹介し損ねたクルロタルシ類を紹介しておきたい。

　まず、欠かせないのは、「イスチグアラスト」の名を冠した単弓類、**イスチグアラスティア**（*Ischigualastia*）だろう。5-19 単弓類のなかでも、ペルム紀に隆盛をきわめたディキノドン類に属する。第1章で紹介したリストロサウルス（▶P.14）と同じグループだ。もっとも、「ディキノドン（二つの犬歯）」というグループ名が意味するような2本の犬歯は、イスチグアラスティアにはない。

　イスチグアラスティアは、全長3mほどの植物食の単弓類である。三畳紀の単弓類としては最大級で、口に歯ではなくクチバシをもつことが特徴だ。

　イスチグアラスティアは単弓類の歴史において、ある意味で記念碑的な存在である。なぜならば、イスチグアラスティアが滅んで以降の単弓類は、その後1億6000万年以上もの間、大型化することがなかったのだ。単弓類が次に大型化するのは、恐竜が滅んだのちのことである。つまり、単弓類のなかから出現する哺乳類の本格的な台頭を待たなければならない。

　その哺乳類に最も近縁な単弓類のグループを「キノドン類」という。イスチグアラスト／タランパヤ自然公園群からは、いくつものキノドン類の化石が発見されている。そのなかから紹介しておきたいのは、雑食性の**エクサエレトドン**（*Exaeretodon*）5-20 と肉食性の**プロベレソドン**（*Probelesodon*）5-21 である。

　エクサエレトドンは、イスチグアラスト州立公園の三畳紀後期の地層から豊富に化石が産出するものの一つで、全長は2mほど。ちょっと大きなブタといったサイズである。幅のある頭骨が特徴で、臼歯、犬歯、切

▲▶5-19
ディキノドン類
イスチグアラスティア
Ischigualastia
三畳紀世界において最大級の植物食単弓類。上はその全身復元骨格で、下は復元図である。全長3m。大きなクチバシが特徴だ。本種を最後に、単弓類は大型化することなく雌伏することになる。
(Photo：林 敦彦/NewtonPress：『Newton』2010年10月号より)

▼▶5-20
キノドン類
エクサエレトドン
Exaeretodon

全身復元骨格の口の中を見ると臼歯、犬歯、切歯といった異なる種類の歯が生えているのがわかるだろう。キノドン類は、のちの哺乳類につながるグループと考えられている。全長2m。下は復元図。
(Photo：林 敦彦/NewtonPress：『Newton』2010年10月号より)

▼5-21
キノドン類
プロベレソドン
Probelesodon

まるでネズミのような外見をもった、肉食性の単弓類。全長30cm。

▲▶5-22
オルニトスクス類
ヴェナチコスクス
Venaticosuchus
吻部に注目されたい。上顎と下顎の先端がかみ合っていないことが、復元全身骨格、復元図の両方から確認できるだろう。この独特の面構えが特徴のクルロタルシ類である。全長約1.3m。
(Photo：林 敦彦/NewtonPress：『Newton』2010年10月号より)

◀▶5-23
スフェノスクス類
シュードヘスペロスクス
Pseudohesperosuchus
全長1mほどの小型のクルロタルシ類。足が速く、ハンティングが得意だったとみられる。これまでに紹介してきたクルロタルシ類のなかでは現生ワニ類に最も近縁だが、脚の付き方や長さのちがいは歴然だ。
(Photo：林 敦彦/NewtonPress：『Newton』2010年10月号より)

107

歯といった複数の種類の歯をもっていた。現生のイノシシと同じく、雑食性だったのではないか、とみられている。

一方のプロベレソドンは、哺乳類に近縁といわれるキノドン類だ。なるほど、これぞ納得の風体のもち主である。というのも、全長は30cmほどで、長い尾をもち、ネズミのような姿をしているのだ。発達した犬歯をもち、小型のトカゲや昆虫などを食べていたとみられている。生態的にもまさに「近縁」といえよう。

クルロタルシ類からは、**ヴェナチコスクス**(*Venaticosuchus*) 5-22 と**シュードヘスペロスクス**(*Pseudohesperosuchus*) 5-23 を挙げておきたい。

ヴェナチコスクスは全長約1.3mほどで、クルロタルシ類のなかの「オルニトスクス類」というグループに属している。ヴェナチコスクスの特徴は頭骨にある。上顎と下顎の長さが異なるのだ。上顎が下顎よりも数cm長く、上顎の先端に並ぶ歯には、噛み合うための対になった歯も顎もない。一方で、下顎の口先付近には鋭い犬歯が左右1本ずつあり、犬歯は口を閉じると上顎の吻部の両脇に収まるというつくりをしている。

一方のシュードヘスペロスクスは、現生ワニ類へとつながる「ワニ型類」というグループに属している。「ワニ類につながる」とはいっても、その姿にワニを感じることは(ほかのクルロタルシ類同様に)難しい。全長は約1mと小型であり、頭部はその全長の8分の1ほどの長さしかない。骨が軽いことから、走ることが得意な狩人だったとみられている。ちなみにワニ型類の特徴は、くるぶしと手首にある。これらの骨が典型的な現生ワニ類と同じなのだ。

イスチグアラスト／タランパヤ自然公園群からはほかにも大型の両生類の化石などが産出しており、かつてこの地にいかに豊かな生態系が築かれていたのかがよくわかる。

挿話：最古の"共同トイレ"

「イスチグアラスト／タランパヤ自然公園群」の単弓類の話が出たところで、こんな話題も紹介しておきたい。2013年、アルゼンチンの国立科学技術研究会議（CONICET）のルーカス・E・フィオレッリたちは、（当時の）タランパヤ国立公園に分布する三畳紀中期と後期の境界付近に当たる地層から、動物たちの共同排泄場、つまり「共同トイレ」を発見、報告したのである。フィオレッリたちが報告したのは、約2億3500万年前の地層に、8か所にわたって密集したコプロライト（糞化石）の集合体である。5-24

それはきわめて大量のコプロライトだった。1.5kmほどの間隔をあけて散在する400〜900㎡の限られた場所に、多いポイントで1㎡あたり94個のコプロライトがあったのだ。平均で見ても1㎡あたり66.6個のコプロライトがあったという。こうしたデータから、フィオレッリたちは最も豊富な場所には3万個に達するコプロライトがあるだろう、と見積もっている。

それぞれのコプロライトは、形もサイズも多様である。色は灰色から暗い灰色で、直径は0.5〜35cmと幅広い。分析の結果、コプロライトの内部には木片や葉の欠片、ヒカゲノカズラやシダ植物の胞子のようなものが確認された。こうした点から、フィオレッリたちは、このコプロライトの"落とし主"は、さまざまな世代の植物食動物であるとみている。とくに、同じ地層から最も化石が多産する大型のディキノドン類（イスチグアラスティアの仲間）ではないか、としている。

さまざまな世代が特定の場所に糞をし続けるというのは、一部の社会性のある哺乳類に見られる特徴とされる。フィオレッリたちの分析が正しければ、哺乳類の遠い祖先（の従兄弟）に当たるディキノドン類にも同じような社会性があった可能性が出てくることになる。

110　三疊紀

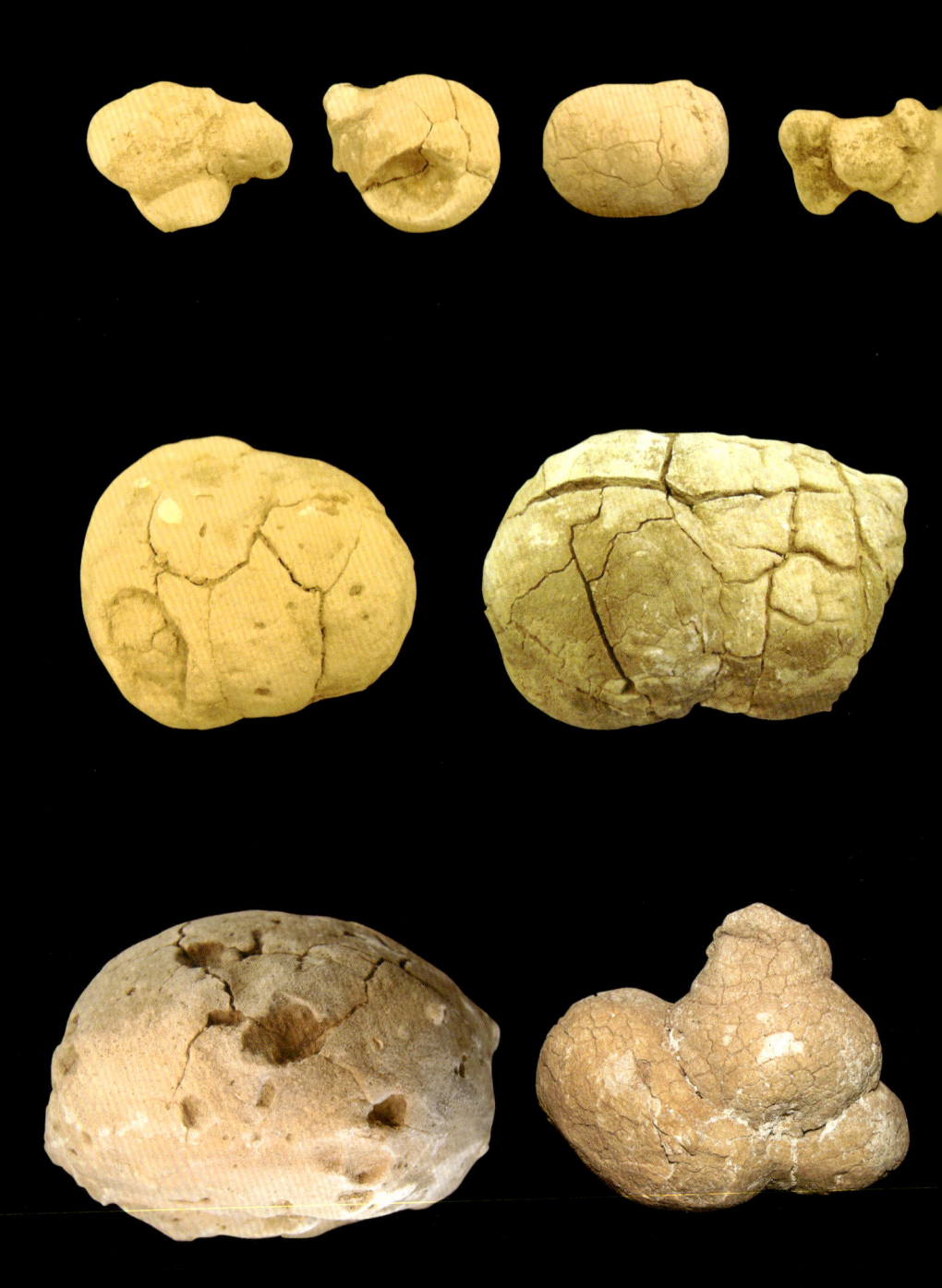

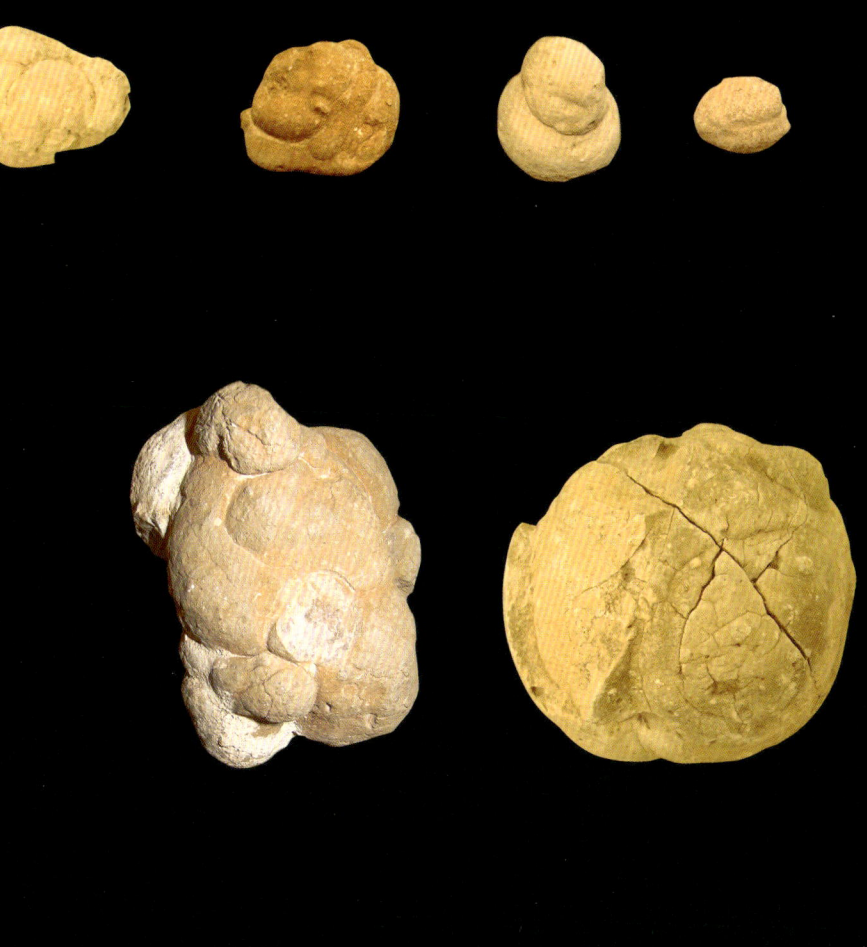

◀5-24
アルゼンチンの"共同トイレ"で発見されたコプロライトの一部。大きなものでは直径35cmにもなる。ディキノドン類のものではないか、とみられている。
(Photo：L. Fiorelli & M. Hechenleitner（CRILAR-CONICET）)

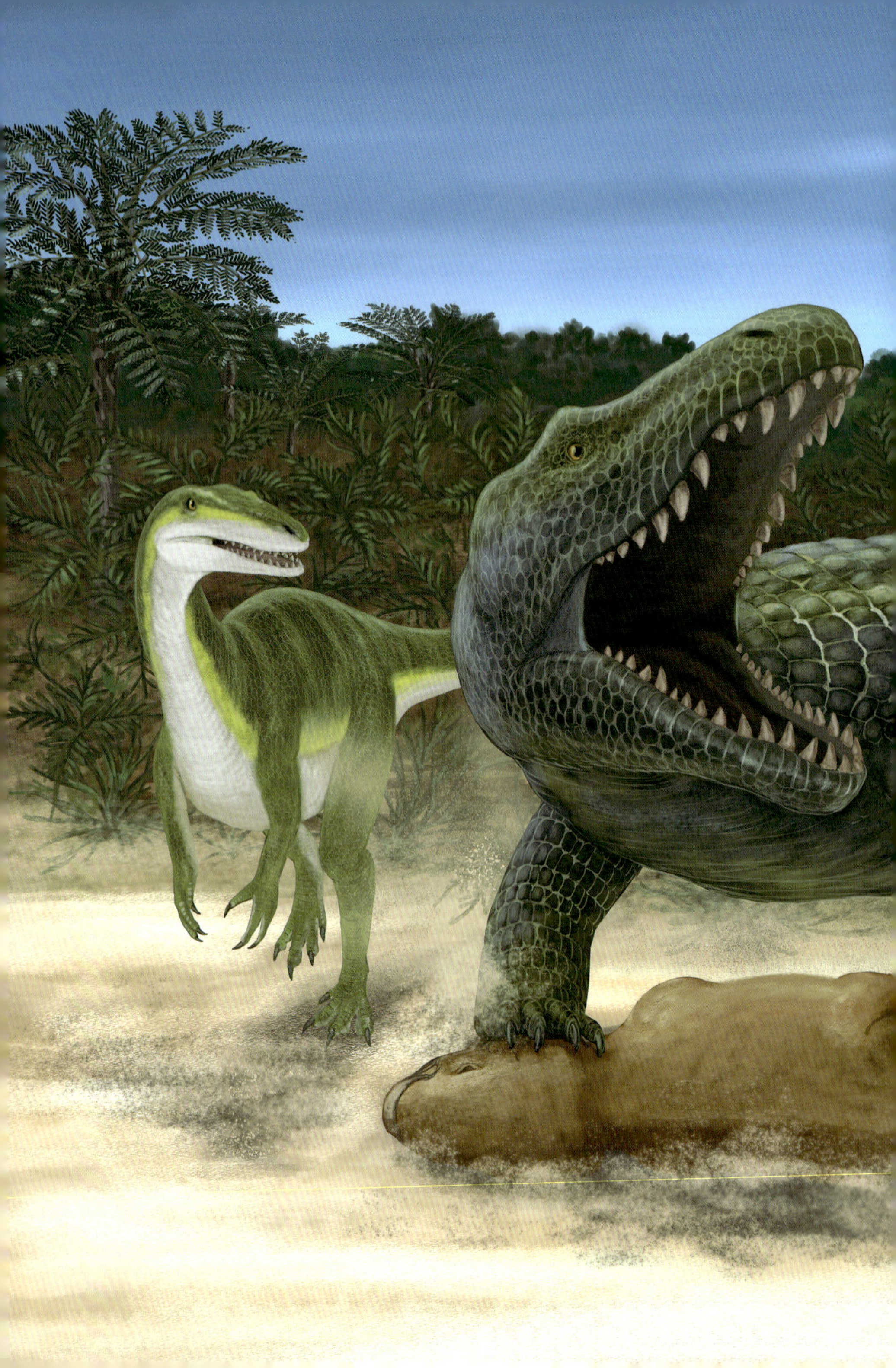

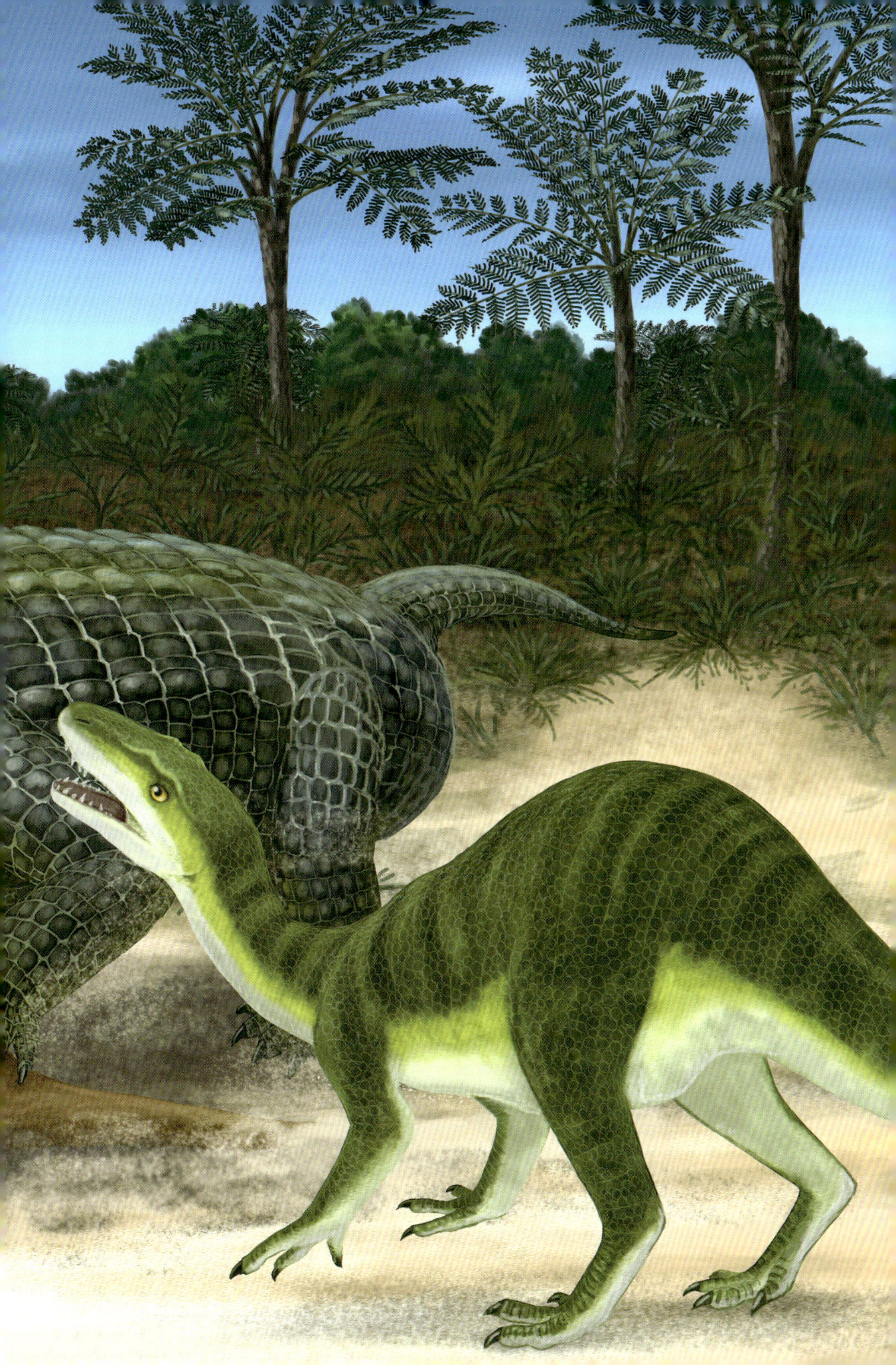

三畳紀

6 大繁栄の先駆け

恐竜形類の登場

　本書もいよいよ終盤だが、ここで再び三畳紀の始まりまで時計の針を戻そう。

　2011年、アメリカ自然史博物館に所属するステファン・L・ブルサッテたちによって、ポーランドのホーリークロス山脈にある三畳紀前期の地層から多量の足跡化石が報告された。足跡の大きさは2〜5cmほど。5本の指はあるが親指と小指が小さく、一方で指全体として

はよく束ねられていた。この足跡化石には、**プロロトダクティルス**（*Prorotodactylus*）と学名がついている。6-1, 2 最古の恐竜形類のものとみられる足跡である。

「恐竜形類（Dinosauromorpha）」。聞き慣れない読者もいることだろう。「恐竜（Dinosaur）」という言葉が含まれていることからもわかるように、このグループは恐竜と密接に関係している。その一方で「形類（-morpha）」とあるように、恐竜そのものではない。恐竜が誕生する直前の、恐竜とは別のグループである。いうなれば恐竜形類は、恐竜の祖先に当たる動物たちなのだ。

「足跡の鑑定こそ重要」といったのは、かの名探偵シャーロック・ホームズで、この一言に代表されるように足跡は多くの情報をもっている。複数の足跡が残っていれば、その足跡から"主"の姿を推測することもで

▼6-1
恐竜形類
プロロトダクティルス
Prorotodactylus
ポーランド、ホーリークロス山脈に分布する三畳紀前期の地層に残された足跡。母岩にびっしりと残っている。右下のスケールバーは10cmに相当する。
（Photo：Grzegorz Niedzwiedzki）

▶6-2
プロロドダクティルスの足跡のひとつ。4本の指が確認できる（画像中、矢印の先）。白いスケールバーは1cm。
（Photo：Grzegorz Niedzwiedzki）

きる。 プロロドダクティルスの場合、主は、四肢の長い、とくに前脚の長いトカゲのような姿の爬虫類だったとみられている。6-3 大きさは現生のイエネコ（*Felis silvestris catus*）ほどだったようだ。

プロロドダクティルスが発見されたのは、約2億5100万〜約2億4900万年前の地層である。三畳紀の始まりが約2億5200万年前だから、三畳紀開幕直後のもの、

▲6-3
プロロトダクティルスの復元図

ということになる。

　恐竜形類はプロロトダクティルスのような足跡化石だけでなく、体化石も発見されている。いずれも全長1〜2mほどで、小さな頭と細身の体が特徴だ。恐竜形類のなかには、二足歩行型も四足歩行型もいた。肉食性の種も植物食性の種も確認されており、恐竜研究者の注目は、はたして恐竜の祖先はいったいどのような姿と生態をしていたのか、ということに集まっている。

　2011年に福井県立恐竜博物館の久保泰は、恐竜形類のデータを整理することで、その進化に関する論文を発表している。久保の分析によれば、恐竜形類のなかの四足歩行型は、一部のグループだけで進化した可能性が高いという。すなわち、多くの恐竜形類は二足歩行をしていたというのである。また、すべての恐竜の共通祖先が植物食性であった可能性は60％以上、という数字も算出した。もっとも、この分析結果については、久保自身も「より多くの恐竜形類の化石の発見が必要」

としている。

いずれにしろ、恐竜の祖先に当たる恐竜形類は、三畳紀全般にわたって世界各地で繁栄することになる。そして、そのなかから登場するのが、古生物界のフラグシップといえる「恐竜」だ。

最初の恐竜は、どのような姿だったのか？

ここで再び、アルゼンチンのイシグアラスト／タランパヤ自然公園群に舞台を戻そう。

1991年。第一次湾岸戦争が勃発し、東京都の都庁舎が丸ノ内から西新宿へと移転し、角界では千代の富士が引退、九州では雲仙普賢岳で大規模な火砕流が発生したこの年、(当時の) イシグアラスト州立公園内の約2億2800万年前の三畳紀後期の地層から一つの化石が発見された。それが、前章でチラリと名前だけ紹介した**エオラプトル**である。[6-4] "最古の恐竜" だ。

じつは、エオラプトルはイシグアラスト州立公園で発見された最初の恐竜化石、というわけではない。1991年以前に3種の恐竜化石がすでに発見されており、いずれも「最古の恐竜」とよばれている。つまり正確に書けば、エオラプトルは「最古の恐竜の一つ」ということになる。

本書では、最古の恐竜の代名詞として、先に発見された3種の恐竜よりもエオラプトルに注目したい。何よりも、この学名の絶妙さがエオラプトルの重要性を物語っている。「エオ (*Eo-*)」は「暁」を意味し、「ラプトル (*raptor*)」は「略奪者」を意味するのである。暁の略奪者！いかにも最古の恐竜にふさわしいネーミングだ。覚えやすく、意味もつかみやすい。この1点をもってしても、最古の恐竜の一つとして紹介する価値はあるといえるだろう。

エオラプトルは全長約1mほどの小型の恐竜である。筆者の家には、頭胴長80cm、尾の先まで入れた全長が110cmのラブラドール・レトリバーがいる。長さだけを見れば、エオラプトルとわが家の愛犬はほぼ同サイ

▲6-4
竜脚形類
エオラプトル
Eoraptor
最初期の恐竜の一つ。かつては獣脚類とみられていたが、近年になって分類が変更された。全長約1m。上は、クリーニング中の頭骨である。
(Photo：Louie Psihoyos/Corbis/amanaimages)

ズといってよいだろう。しかし、わが家の愛犬の体高（肩の高さ）が55cmであるのに対し、エオラプトルの体高（腰の高さ）は40cmに届かない。成人男性であれば膝下以下、という高さである。

エオラプトルは、小さな頭に長い腕、その腕よりも長い脚、長い尾をもつ二足歩行型の恐竜である。敏捷そうなその姿は、のちのジュラ紀や白亜紀に登場する小型の肉食恐竜とよく似ている。推定される体重は約10kgとかなり軽量で（ちなみに、前述のわが家の愛犬は約25kg）、俊敏に動き回る姿が想像できる。同じ地層からは、前章で紹介したサウロスクスの化石も発見されている。ひょっとしたら、こうした大型の捕食者からエオラプトルはちょこまかと逃げ回っていたのかもしれない。

「ラプトル（略奪者）」の名が意味するように、その姿かたちからエオラプトルは小型の肉食恐竜とみられてきた。すべての肉食恐竜を擁する恐竜グループを「獣脚類」という。エオラプトルは、初期の獣脚類の一つであるとみられていたのである。

「みられていた」と過去形で書いたのは、この見解が2000年代の研究で大きく変わったからだ。エオラプトルの奥歯は鋭く、先端が奥に向かって曲がるという典型的な肉食性を示していた。しかし、口の前部に位置している歯は、木の葉のような形をしていたのだ。これは、のちに出現する植物食恐竜グループ「竜脚形類」などに見られる特徴だ。つまり、植物食性としての特徴もエオラプトルの口にはそなわっていたのである。そのため、エオラプトルは現在、竜脚形類の最も原始的な種として位置づけられている。

ちなみに、竜脚形類からはのちに「竜脚類」というグループが生まれる。 6-5 竜脚類は、全長20m超、長い首と長い尾、樽のような胴体に太い四肢をもつ巨大恐竜を含むグループである。ラブラドール・レトリバーと同等かそれ以下の小さな体からは想像がつかないが、巨大恐竜誕生のスタート・ポイントにエオラプトルはいたことになる。

▼6-5
竜脚類
アパトサウルス
Apatosaurus
ジュラ紀に出現する、長い首と長い尾をもつ大型植物食恐竜。全長は23mに達した。本種を含め、竜脚類に関しては、とくに『ジュラ紀の生物』で詳しく触れる予定だ。

▲6-6
竜脚形類
パンファギア
Panphagia
最初期の恐竜の一つ。体のサイズは、エオラプトルよりも一回り小型だが、見た目はあまり変わらない。

すでに始まっていた恐竜の多様化

　最古の恐竜は、エオラプトルだけではない。ここから先は、イシグアラスト／タランパヤ自然公園群で発見されている、「最古の恐竜たち」を紹介していこう。

　まず、エオラプトルと同じく、約2億2800万年前の地層から化石が発見されているものとして、**パンファギア**(*Panphagia*)を挙げたい。6-6 全長約70cmの小型種で、エオラプトルと同じように竜脚形類に分類される。頭は小さく、首と尾の長い、二足歩行型の恐竜である。歯は口先にあるものは鋭く肉食性で、奥歯は木の葉型の植物食性だ。シダの葉と昆虫を主食とする雑食性だったとみられている。

　同じく約2億2800万年前の地層から化石が発見された**エオドロマエウス**(*Eodromaeus*)は、全長1mほど。6-7 やはり頭が小さく首と尾の長い二足歩行型の恐竜だ。ただし、エオラプトルやパンファギアとはちがって木の葉型の歯はない。エオドロマエウスの歯は鋭く、その縁には「鋸歯」とよばれるステーキナイフと同じギザギザの構造がある。さらに頸椎には、鳥類や、のちの多くの肉食恐竜と同じように空洞があった。そのほかさまざまな特徴から、エオドロマエウスはすべての肉食恐竜を含む「獣脚類」の原始的な存在として位置づけられている。

　パンファギアとエオドロマエウスは、一見してエオラ

121

▶6-7

獣脚類

エオドロマエウス
Eodromaeus

最初期の恐竜の一つ。全長1mほどの獣脚類。肉食用の歯しかもたないなどの特徴がある。しかし骨格を見ても、一見しただけではエオラプトルやパンファギアと区別がつかないし、復元図を見てもなかなか難しい。

(Photo：林 敦彦／NewtonPress：『Newton』2010年10月号より)

123

プトルとよく似た恐竜である。本書に描かれているイラストを見てちがいがよくわからなかったからといって、それはイラストレーターの責任ではないし、もちろん読者のみなさまの責任でもない。実際、この3種はきわめてよく似た外見のもち主なのだ。よく似ているにも関わらず、3種のうち2種はのちに20m超級の巨大植物食恐竜を生む系譜に属し、もう1種はティラノサウルスなどの肉食恐竜を生む系譜に属しているのである。

　もう一つ、約2億2800万年前の地層からは**ヘルレラサウルス**（*Herrerasaurus*）の化石が発見されている。[6-8] この恐竜は全長3〜6mと、これまで紹介してきた恐竜たちの3倍以上の大きさをもつ。体高も1mほどであり、さすがにこの大きさになればそこそこの迫力が出てくる。それでも頭は小さく、尾は長く、全体としてはスレンダーなつくりで、姿かたちそのものはエオラプトルたちとさほど変わらない。ただしこの恐竜には、ほかの恐竜にはなく、近縁の爬虫類にはある特徴がいくつも確認されている。たとえば、足の第1指が長いこと、肩の近くの椎骨が短いことなどが挙げられる。この独特な特徴のおかげで、詳細な分類は定まっていない。

　そして約500万年後。約2億2300万年前の地層からは、ぜひとも次の2種を紹介しておきたい。その一つは**ピサノサウルス**（*Pisanosaurus*）だ。[6-9] 全長は約80cm。やはり小さな頭に長い尾をもつ恐竜だが、これまでに紹介した恐竜たちとはちがって、「鳥盤類」というグループに分類される。

　エオラプトルのような竜脚形類とエオドロマエウスのような獣脚類は、ともに「竜盤類」というグループに属している。彼らに共通するのは、腰の骨の形だ。現在のトカゲのものとよく似ているのである。一方、ピサノサウルスの属する「鳥盤類」は、鳥類とよく似た形の腰の骨をもつ。竜盤類と鳥盤類は、恐竜を大きく二分したときのグループ名で、鳥盤類にはのちの時代に出現する**ステゴサウルス**（*Stegosaurus*）[6-10] や**トリケラトプス**（*Triceratops*）[6-11] などの有名な恐竜が含まれる。つまり、500万年ほどずれるとはいえ、三畳紀後期という時期に

▲6-8
竜盤類
ヘルレラサウルス
Herrerasaurus
全長3〜6mほどの、謎の多い恐竜である。当時の恐竜としては、大型の部類に入る。上は全身復元骨格で、下はその復元図。
(Photo：Oscar Alcober)

125

すでに、竜盤類と鳥盤類の両グループが存在していたことをピサノサウルスは物語るのである。

　ちなみに、のちの巻で詳しく触れることになるが、念のためにここでも触れておきたい。「鳥類の進化」について、である。鳥類は獣脚類のなかの1グループとしてジュラ紀に登場する。獣脚類、つまり、竜盤類に属している。鳥盤類は名前に「鳥」の文字が入ってはいるものの、鳥類の進化そのものとは関係ないのである。いささかややこしいが、一つご記憶いただきたいと思う。

　さて、もう1種、約2億2300万年前の恐竜を紹介しておこう。先ほどのヘルレラサウルスに近縁な**フレングエリサウルス**(*Frenguellisaurus*)だ。6-12 全長は6〜7mと、ここで紹介した恐竜のなかでは最大サイズ。頭骨も大きく、そこには肉食性の歯が並んでいた。腕が短い一方で、手は長いというのも特徴の一つで、指先には鋭いかぎづめがある。

　約2億2800万年前からの500万年間は恐竜時代の黎明期に当たる。黎明期ではあるが、すでに多様な恐竜が存在していたことをイスチグアラスト／タランパヤ自然公園群の地層は証明しているのである。

そして登場した大型恐竜

　約2億年前になると、ようやく恐竜にも大型種が出現する。……とはいっても、肉食動物としての大型種の座にはファソラスクスなどの大型のクルロタルシ類が鎮座していたので、当時の肉食恐竜でフレングエリサウルス以上の全長をもつ種は本書執筆時点で確認されていない。

　大型種が出現したのは、植物食恐竜である竜脚形類のグループのなかからだった。全長約18m。**レッセムサウルス**(*Lessemsaurus*)だ。6-13

　レッセムサウルスは部分的な化石しか発見されていないものの、想定されている姿は小さな頭と長い首、長い尾をもつ四足歩行の植物食恐竜である。ただし、ジュ

▶6-9

鳥盤類
ピサノサウルス
Pisanosaurus

全長約80cm。本書でこれまでに登場してきた恐竜とは、大きな意味で異なるグループに属する恐竜である。しかし、その姿はほかの恐竜とさほどちがわない。なお、同じ鳥盤類の中でも"進化型"になると、下の復元図のような恐竜となる。

◀6-10

鳥盤類
ステゴサウルス
Stegosaurus

ジュラ紀に出現する、背に並ぶ骨の板が特徴的な恐竜。『ジュラ紀の生物』にて詳しく触れる予定である。

▶6-11

鳥盤類
トリケラトプス
Triceratops

白亜紀に出現する、ツノとフリルが特徴的な恐竜。『白亜紀の生物』にて詳しく触れる予定だ。

127

128　三疊紀

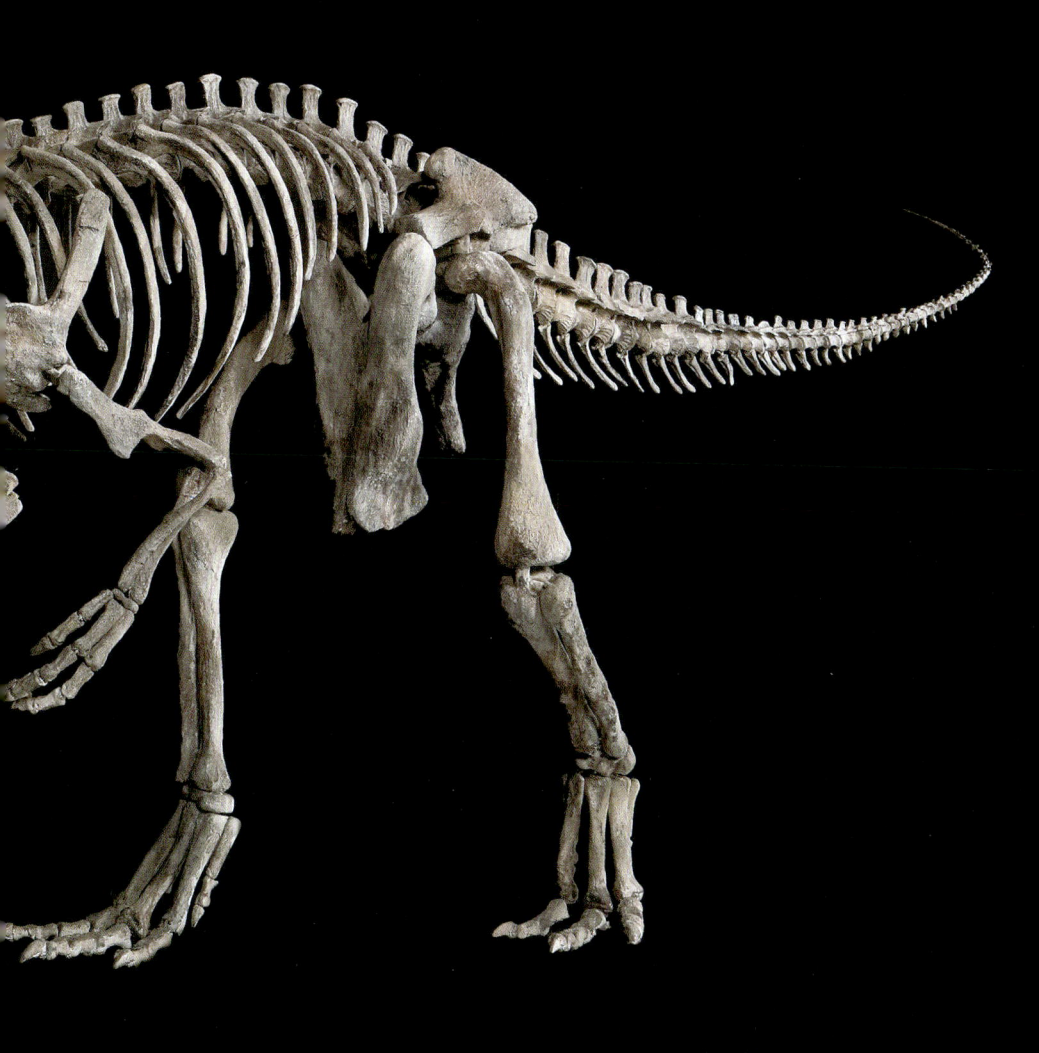

◀6-12
竜盤類
フレングエリサウルス
Frenguellisaurus
ヘルレラサウルスに近縁の肉食恐竜で、全長は6〜7mに達した。当時の恐竜としては、かなり大型である。ラウィスクス類とはライバル関係にあったとみられている。
(Photo：林 敦彦/NewtonPress；『Newton』2010年10月号より)

ラ紀になって登場する20m超級の植物食恐竜（竜脚類）と比べれば、首は短く、全体的にはスリムな体つきだ（あくまでも竜脚類と比較して、である）。

　これまでに知られている限り、18mという全長は三畳紀において随一の大きさである。これは、それまでに出現した陸と海の動物たちのなかでも最大サイズ、といい換えることができる。2010年に六本木で開催された「地球最古の恐竜展」の図録では、レッセムサウルスを威嚇できたのはクルロタルシ類のファソラスクス 6-14 だけであったろう、とされている。

　肉食動物にとっても植物食動物にとっても、大きいことは何かと都合がよい。一つは、自然界においては「大きいことは強い」という基本原則がある。植物食動物にとっては、大きければ大きいほど肉食動物に襲われにくくなる。大きいということは重さがあるということを意味し、たとえ植物食であったとしても、その尾の一撃、

◀6-13
竜脚形類
レッセムサウルス
Lessemsaurus
全長約18m。三畳紀随一の巨体をもつ植物食恐竜。のちの時代の竜脚類と比較すると、首は短く、全体的にスリムである。左は復元図。詳細は本文にて。
(Photo：Oscar Alcober)

脚の一払い、そして体当たりなどが肉食動物にとっておおいなる脅威となり得るからだ。肉食動物においては、大きければ大きいほど獲物を仕留めるための威力が増す。

かつて、レーダーやミサイル、戦闘機が発達する以前の人類社会がそうであったように、基本的に自然界においても"大艦巨砲主義"が存在する。もっとも、こ

◀6-14
ファソラスクスの復元図。成体のレッセムサウルスと渡り合うことのできた、数少ない肉食動物とされる。

れまた大型戦艦がそうであるように、大型であればあるほど"燃費"が悪くなるというデメリットもある。全長1mの動物と全長10mの動物では、食事の必要量は決定的に異なる。

　もっとも、動物においては、内温性か外温性かによって食事の量もかなり異なるので、一口でくくるわけにはいかない。

　「内温性」という言葉は、世代によっては聞き慣れない用語かもしれない。これは、かつて「温血性」や「恒温性」とよばれていた性質である。簡単にいえば、生命活動に必要な熱を体内でつくることのできる性質のことで、私たちヒトを含む哺乳類はこの性質をもっている。体内で熱をつくるためには、その材料が必要となる。そのため、体格のわりには食料を多く必要とする。

　一方で「外温性」は、かつて「冷血性」や「変温性」とよばれていた性質だ。内温性とは逆に、熱を外部、つまり日光などに頼る性質である。体内で熱をつくる必要はないので、食料はその分少なくてよい。

　外温性か内温性かという議論は、動物の巨大化とも関わってくる議論である。なぜならば、巨大な動物は外温性であっても自分の体温を保てるからだ。これは、コーヒーカップに入れた湯と風呂の湯をイメージしてもらえるとわかりやすい。コーヒーカップの湯は冷めやすいが、風呂の湯はなかなか冷めない。コーヒーカップの場合、湯を一定温度で保つためには何度も温め直さなくてはいけない。一方、風呂の湯は、一度温めてしまえば一定時間は温かい。結果として、巨大な体ほどエネルギーの節約になるのである。

　こうした議論がある一方で、恐竜には「mesotherm」という性質があった、とする新たな研究結果も出てきた。これは、2014年にアメリカ、ニューメキシコ大学のジョン・M・グレイディたちが発表したもので、「mesotherm」は本書執筆時点では「中温性」という言葉に訳されて報道されている（正式にそのように訳すのかは定まっていない）。

　グレイディたちは、恐竜21種を含む381種の骨の年

輪と体重をもとに代謝率を算出した。その結果、恐竜の代謝率は内温性動物とも外温性動物とも異なる値となったのである。その値は、内温性動物と外温性動物のおおむね中間だった。

このことをポジティブに考えれば、恐竜は燃費の問題を解決し、なおかつ、すばやい動きができたことになる。すなわち、ワニなどのほかの爬虫類よりもすばやく動くことができ、哺乳類ほどの食料は必要としなかった、というわけだ。

なお、古生物学においては、動物の巨大化に関した「コープの経験則」とよばれる法則がある（「コープの法則」ともいわれる）。これは、19世紀に活躍したアメリカの古生物学者、エドワード・D・コープが提唱したもので、動物は進化が進むと大型化する傾向があることを指す。もっとも、コープの経験則に関しては例外も多く、2010年刊行の『古生物学事典 第2版』では「検討の必要がある」とされている。

いずれにしろ、三畳紀も終わりが近づいたとき、じつに「中生代らしい光景」が現出しつつあった。つまり、巨大な爬虫類が闊歩する世界である。

アメリカにいた数百体の小型恐竜

三畳紀の恐竜化石は、もちろんアルゼンチン以外からも発見されている。そうした恐竜のなかから、**コエロフィシス**（*Coelophysis*）を紹介しておきたい。6-15

コエロフィシスは、エオラプトルやエオドロマエウスから1000万〜2000万年のちのアメリカ、ニューメキシコ州に出現した小型の獣脚類である。全長は3mほど。首と尾の長いほっそりとした恐竜だ。口には肉食恐竜特有の鋭い歯が並ぶ。

コエロフィシスの特徴は、その化石の産状にある。数百体もの化石が狭い区画に密集していたのだ。そのなかには、幼体も、成体もともに含まれていた。ただし、これが大規模な群れなのか、それとも何かの拍子でその場所にコエロフィシスの化石が集中して堆積した

▶6-15
獣脚類
コエロフィシス
Coelophysis
三畳紀後期のアメリカに暮らしていた、全長3mほどの肉食恐竜。やはり(?)その外見から、エオラプトルたちとのちがいを見つけるのは難しい。

のか、はっきりとした結論は出ていない。

コエロフィシスは長い間、「共食いをした恐竜」としても知られてきた。成体のコエロフィシスの腹部に幼体のコエロフィシスのものとみられる骨が確認されたからだ。6-16 この「コエロフィシス共食い説」は1989年に提唱されたもので、コエロフィシスのイメージ像として定着してきた。

しかし2006年にアメリカ自然史博物館のスターリング・J・ネスビットがこの化石を改めて調べたところ、腹部にあった骨はコエロフィシスではなく、クルロタルシ類のものであることが判明した。つまり、このコエロフィシスの化石が意味するのは、恐竜の共食いの証拠ではなく、クルロタルシ類と恐竜類の直接戦闘の証拠だったわけである（もっとも、戦いの結果としてクルロタルシ類を食したのではなく、死んでいたクルロタルシ類を食べた可能性は否定し得ない）。

ひっそりと登場していた我らが祖先

さて、「のちの大繁栄の先駆け」といえば、何も恐竜

134 三畳紀

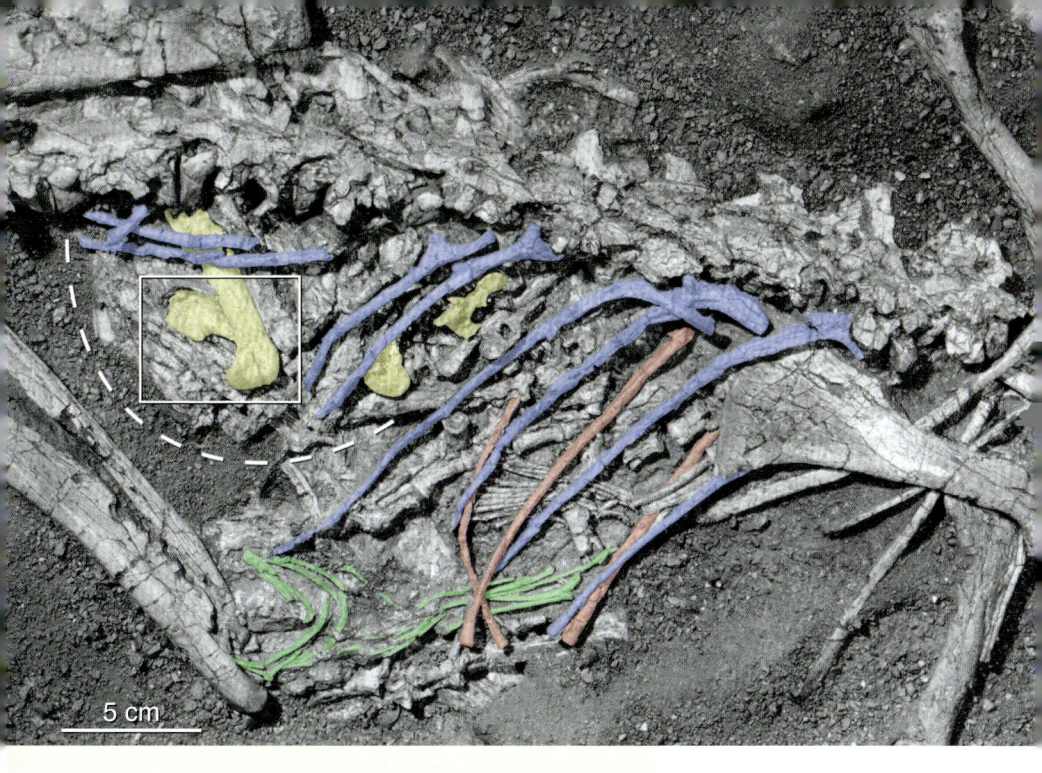

▲6-16
コエロフィシスの化石の腹部の拡大。破線のあたりが胃に相当するとみられる。黄色に着色された骨が胃の内容物。青色は右の肋骨、赤色は左の肋骨、緑色は腹肋骨である。
（Photo：Nesbitt et al., 2006, Biology Letters）

だけではない。我らが哺乳類の祖先もこの時代に登場している。ここでは、国立科学博物館の冨田幸光が著した『新版絶滅哺乳類図鑑』（2011年刊行）を参考の主軸として、初期の哺乳類について簡単にまとめておきたい。

そもそも哺乳類は、ペルム紀以降に台頭してきた単弓類のなかの1グループである。哺乳類を哺乳類たらしめている特徴はいくつもあり、それゆえに独立した分類群として扱われている。

本来であれば、哺乳類を定義するための大事な特徴として「雌が乳で子を育てる」ということがある。また、「全身が毛で覆われている」ということも大事な特徴である。しかし、こういった特徴は、通常は化石に残らない（あるいは、きわめて残りにくい）。そこで、その生物が哺乳類であることを確かめるためには、骨にその特徴を見出すことになる。

学術的なちがいはいくつもある。興味をもたれた方

135

には、先に挙げた『新版絶滅哺乳類図鑑』をお薦めしたい。日本語の書物としてはまれに見る専門図鑑であり、なおかつ解説はわかりやすく、図版類が非常に豊富である。しかも、2011年の刊行と比較的新しい。

さて、本書においては、哺乳類のもつ特徴としてとくに二つの点を挙げておきたい。「耳」と「歯」である。

動物の耳の内部では「耳小骨」とよばれる骨が要を担っている。外から耳に届いた音は、まず鼓膜を揺らす。この鼓膜の揺れをさらに頭蓋骨の内部へと伝える役目をもつのが耳小骨である。一口に耳小骨というが、哺乳類の場合、これは一つの骨ではない。アブミ骨、キヌタ骨、ツチ骨の三つの骨によって構成されている（ちなみに、アブミ骨はまさに馬具の鐙のような形をしている）。これに対して、哺乳類以外の単弓類（以降、「原始的な単弓類」とよぶ）においては、耳小骨はアブミ骨しかない。

では、キヌタ骨とツチ骨は、哺乳類に突如として出現した骨なのか？

これは否である。哺乳類のもつキヌタ骨とツチ骨は、原始的な単弓類においては、下顎の関節をつくる「方形骨」と「関節骨」という骨だったのだ。原始的な単弓類は複数の骨で下顎を構成していた。これに対して哺乳類の下顎は、一つの骨のみで形成される。私たち現生哺乳類は、もともと顎の関節をつくっていた骨を利用して音を聞いているわけだ。

もう一つ。哺乳類の特徴の一つに、多様な歯をもつことが挙げられる。ご自分の口を大きく開けて、鏡を見ていただければよくわかる。哺乳類には門歯（切歯）、犬歯、前臼歯、臼歯といった歯がある（種によっては、進化の結果としてこれらの種類を欠く場合もある）。とくに前臼歯と臼歯は種ごとに複雑な形をしており、哺乳類は歯があれば種が特定されるといわれるほどに、その多様性は高い。

一方で、原始的な単弓類は、ここまで複雑な歯の多様性をもっていない。これは、爬虫類などのほかの脊椎動物と同じ傾向である。

▲6-17
エクサエレトドンの復元図

▲6-18
プロベレソドンの復元図

さて、ここで哺乳類の祖先についてまとめておく。…と書いたが、じつはどうもはっきりとしていないのが現状である。まず、哺乳類の直接の祖先が原始的な単弓類のキノドン類であることについては、研究者間でも「異論の余地はない」とされる。前章において登場したエクサエレトドン6-17やプロベレソドン6-18(▶P.103)などがその仲間だ。しかし、キノドン類のどの種が哺乳類の祖先なのかはよくわかっていない。

キノドン類から出現した最古級の哺乳類グループとしては、「モルガヌコドン類」が知られている。三畳紀後期からジュラ紀前期にかけて、ヨーロッパ、中国、北アメリカから化石が発見されている**モルガヌコドン**(*Morganucodon*)に代表される。6-19 頭胴長8〜9cmというサイズで、見た目は現在のネズミやリスに近いといえなくもない(よく見るとまったくちがうが)。ネズミ大で恐竜の影に隠れ、夜陰に紛れて活動していた、といういわゆる「中生代の哺乳類」のイメージを体現する存在といえるだろう。

最古級の哺乳類グループとされる本グループだが、下顎にキノドン類の名残が見られるとして、哺乳類に含めない場合もある。その場合、モルガヌコドン類は「哺乳形類」という新たなグループとなり、キノドン類と哺乳類をつなぐ存在に位置づけられることになる。

▼6-19
哺乳類?
モルガヌコドン
Morganucodon
ついに出現した哺乳類。頭胴長8〜9cm。分類についてはなお論争中だが、三畳紀における私たちの祖先の姿を想像するには十分だろう。

三畳紀

7 第4の大量絶滅事件

再び発生した「ビッグ・ファイブ」

　本書の最初の方で述べたとおり、三畳紀にはほかの地質時代にはない特異な点がある。それは時代の始まりと終わりの両方で、生物の大量絶滅事件が発生した、ということだ。

　1970年代末からアメリカのシカゴ大学のデビット・ラウプとJ・ジョン・セプコスキ・Jrが進めた膨大な化石記録の統計処理によって、生命史には5回の大量絶滅があったことが明らかになった。これを「ビッグ・ファイブ」とよぶ。

　ビッグ・ファイブのなかで最大のものは、本書でもしばしば触れた古生代ペルム紀末の絶滅事件である。約2億5200万年前に発生したこの事件によって、海も陸も生物相は一新された。

　三畳紀の世界は、いうなればペルム紀末の大量絶滅事件で受けた壊滅からの再構築だった。しかし、三畳紀末、約2億100万年前。再び大量絶滅事件が勃発する。ビッグ・ファイブの歴史的順番からいえば、4番目に発生した大量絶滅である。また、前回の大量絶滅から5000万年後という間隔は、ビッグ・ファイブのなかで最短である。

　大量絶滅に関しては、早稲田大学の平野弘道による『絶滅古生物学』（2006年刊行）が詳しい。ここでは、同書を参考にしながら第4の絶滅事件についてまとめてみよう。

　三畳紀末の大量絶滅事件では、海棲生物が科のレベルで20%以上、属のレベルで30%以上滅んだとされる。なかでも、古生代オルドビス紀以降、2億年以上にわたって命脈をつないできたコノドント類は、この絶滅事件をもって完全に姿を消した（コノドント類に関しては、『オルド

138　三畳紀

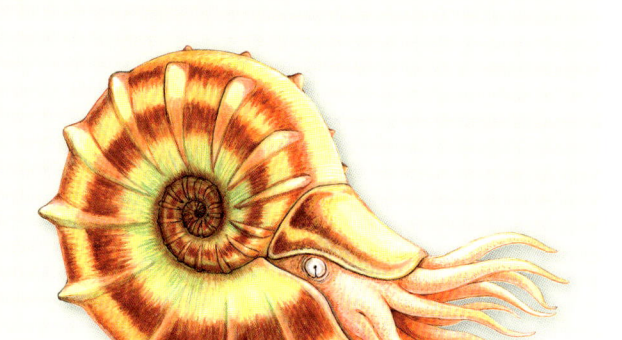

◀7-1
セラタイト類の復元図。ペルム紀末におきた史上最大の絶滅事件は生き抜いたものの、三畳紀末の大量絶滅事件で姿を消すことになった。

ビス紀・シルル紀の生物』で詳しくまとめているので参照されたい)。そのほか、巻貝、腕足動物、二枚貝類、アンモナイト類に深刻なダメージが生じている。

　二枚貝類に関しては、科のレベルではさほど大きな減少はないが、属のレベルでは半分近くが滅んだという。まんべんなく打撃を受けたわけだ。アンモナイト類では、ペルム紀の大量絶滅を生き抜いて三畳紀に我が世の春を謳歌していたセラタイト類が姿を消した。7-1 またもアンモナイト類は深刻な危機を迎えることになったのである。

　陸上においては、単弓類やクルロタルシ類、昆虫類などに大規模な絶滅が起こった。単弓類では哺乳類が、クルロタルシ類ではワニ類につながる系譜が、それぞれかろうじて生き残ることになる。

　陸海ともに深刻な大量絶滅を起こした事件だったにも関わらず、原因に関してはあまりにも情報が少ないのが、三畳紀末の大量絶滅事件の特徴でもある。平野によれば、そもそも、三畳紀とジュラ紀の境界をまたぐ良好な調査地が少なく、また、海の地層と陸の地層の対比精度がきわめて低いという問題があるという。

海と陸の生物どちらにも絶滅をもたらす共通要因としては、なんらかの気候変動があったと考えるのが手っ取り早い。実際、このときに気候の寒冷化があったとすれば、説明のつくことは多いとされる。しかし、平野によれば「まったくといってよいほど（寒冷化の）証拠はない」のだ。

　本章では、そんな三畳紀末の大量絶滅事件に関して、近年注目された「溶岩大噴出」と「隕石衝突」について紹介しておこう。

▌溶岩の大量噴出があった？

　三畳紀末の大量絶滅事件は、超大陸パンゲアが分裂していく時期と重なっている。このことから、当時、分裂にともなうなんらかの大規模な火山活動があり、その影響が生物に深刻なダメージを与えたのではないか、といわれてきた。実際、世界各地には三畳紀末に噴出したとみられる溶岩が確認されている。

　ただし、これらの溶岩に関しては、一つの問題があった。この溶岩が噴出した厳密な時期がわからなかったのだ。すなわち、大量絶滅事件が発生する前なのか、後なのかが不明だった。前者であれば、大量絶滅事件との因果関係を論じることができる。しかし後者であれば、大量絶滅事件との因果関係は不鮮明なものとなる。

　2013年に、アメリカ、マサチューセッツ工科大学のテレンス・J・ブラックバーンたちは、「ジルコン」という鉱物に含まれる放射性同位体を使った研究によって、これまで不鮮明だった溶岩の年代を精査した。その結果、当時、60万年という"短い期間"に大規模な火山活動が最低でも4回繰り返されていたことが明らかになったのである。そして、その最初の1回は、今から約2億156万年前のものだった。大量絶滅事件に20万年ほど先行する数字である。

　大規模な火山活動がいかに大量絶滅と関わってくるのかは、厳密にいえばよくわかっていない。しかし、大筋としては、火山活動によって大気圏内に大量に巻き

上げられた火山噴出物のうちの微小な物質が、空気中に漂って太陽光を遮り、数年にわたって地球の気候を寒冷化させたというのは、多くの研究者が意見を一致させるところだ。寒冷化が進めば植物の育ちが悪くなり、数が減る。植物が減れば植物食動物も数が減り、そして、連鎖的に植物食動物を食べる肉食動物も減っていく、というシナリオである。

また、寒冷化に続いて、数千年間にわたる温暖期が到来した可能性も指摘されている。火山ガスに含まれる二酸化炭素によって、今度は地球環境が急速に温暖化し、その暑さを乗り切ることができなかった生物が滅んでいった、というわけである。

二酸化炭素の増加は、海洋の成分をより酸性にシフトさせる可能性もある。海洋が酸性化すれば、アンモナイトなどの炭酸カルシウムでできた殻をもつ生物は打撃を受ける。炭酸カルシウムの生成が難しくなるからだ。

このように書いていくと、一見して、大規模な火山活動の発生というシナリオは大量絶滅を説明できるようにみえる。しかしたとえば、単弓類のなかで哺乳類だけが生き残り、またクルロタルシ類のなかでワニ類だけが生き残った、この「選択の理由」を説明することはできない。

隕石衝突があった!?

現在では、巨大隕石の衝突を大量絶滅の原因として挙げることは一つの王道ともいえる。有名なものとしては、白亜紀末の恐竜絶滅に関わるものが挙げられるだろう。

今から約6600万年前の白亜紀末、直径10〜15kmの巨大な隕石がメキシコのユカタン半島に落下。直径180kmのクレーターをつくったとされる。このとき放出されたエネルギーは広島型原爆の10億倍ともされ、衝突地点周辺では時速100kmをこえる爆風が襲来。衝突地域周辺はもとより、地球上のいたるところが灼熱状態になり、地上面温度は約260℃に達したという。大気に

▶7-2
岐阜県坂祝町で採集された岩石の写真。岩石を薄く削り、向こう側の光が透けてくるようなレベルにして観察・撮影されている。隕石衝突によってできたとみられる球状の粒子が多数含まれている。白いスケールバーは500μm。
(Photo：尾上哲治)

　巻き上げられた地殻は粉塵となって滞留し、太陽光を遮り、「衝突の冬」といわれる寒冷化をもたらした。このとき、気温は10℃も下がり、その状況が10年ほど続いた。また、地殻に含まれている硫黄が大気中にばらまかれたことで各地には硫酸の雨が降り、海洋の酸性化を促進した。この一連の流れは、千葉工業大学（当時。現・東北大学）の後藤和久が著した『決着！ 恐竜絶滅論争』（2011年刊行）に詳しくまとめられている。

　この白亜紀末の隕石衝突に関しては、クレーターの存在をはじめ、「イリジウム」という、本来であれば地球表層には微量しか存在しないはずの元素が濃集しているなどの、いくつもの証拠が挙げられている。詳細は『白亜紀の生物』を待たれたい。

　では、三畳紀末にも同じことが起きたのか？

　この疑問解明に関し、日本を舞台にした研究が進められている。2012年、鹿児島大学の尾上哲治たちは今から約2億1500万年前に巨大隕石が衝突していた証拠を岐阜県坂祝町から発見した。7-2 それは、地球表層には本来きわめて微量しか含まれないはずの白金族元素の濃集だった。尾上たちによれば、これはカナダ北東部ケベック州にある直径約100kmのマニクアガン・クレーターがつくられたときのものだという。7-3

　2013年には、九州大学大学院の佐藤峰南たちによる坂祝町と大分県津久見市の調査から、当時の海底に隕

▶7-3
カナダ、ケベック州にあるマニクアガン・クレーターの衛星写真。
(Photo：NASA/GSFC/LaRC/JPL, MISR Team.)

　石由来のオスミウムが大量に供給されていたことが示された。このオスミウムの量から逆算される隕石の大きさは、直径約8km、重さ5000億トンに達するという。カンブリア紀以降の生命史のなかで確認される隕石としては、白亜紀末の隕石に次ぐ大きさである。
　隕石衝突の証拠はこうして次々と報告されているが、実際のところ、この衝突がどのように三畳紀末の大量絶滅と関わっていたのかは、まだ明らかになっていない。三畳紀末の大量絶滅が起きたのは、約2億100万年前である。約2億1500万年前の隕石衝突からは、1000万年以上の時間差があるのだ。今後の研究では、この隕石衝突が大量絶滅の最初のトリガーとなったかどうかが注目されていくことだろう。

三畳紀

エピローグ

なぜ、恐竜は生き残ることができたのか

「三畳紀末」という時期を境にして、陸と海では生物相の入れ替わりが生じた。陸上脊椎動物においては、三つ巴の戦いの勝者として恐竜だけが次の時代へと大きな一歩を踏み出すことになる。

すでに"落ち目"だった単弓類はともかく、なぜあれほどまでに栄えたクルロタルシ類 E-1 のほとんどが絶滅し、そして恐竜 E-2 は三畳紀末の絶滅事件を生き残ることができたのか。

この疑問に対する答えは、よくわかっていない。第6章でその片鱗を見てきたように、クルロタルシ類は当時、隆盛をきわめ、多様性も高かった。そのクルロタルシ類に対して初期恐竜が優れている点とは何だったのか？

2008年に、イギリスのブリストル大学に所属するステファン・L・ブルサッテたちが、クルロタルシ類や恐竜などの骨に見られる500近い特徴を選んで比較検討するという研究を発表している。多様性のほかにも、たとえば、クルロタルシ類の進化速度は遅く、恐竜の進化速度が速いなどの明確なちがいがあるのかどうかを彼らは調査した。

「それは驚きでした（This was surprising.）」と当時のブリストル大学のプレスリリースは伝える。調査の結果、恐竜になんら優れている点は見出せなかったのだ。むしろ、多様性に関してはクルロタルシ類の方が高かったことが明らかになった。

逆なれば得心がいくのである。ある状況に応じた種（たとえば、寒冷気候に強いなど）がいればそのグループは生きのび、いなければ滅ぶ。そのような事態であればイメージはしやすい。だが、どうも現実は異なったよ

▲E-1
三畳紀に黄金期を築いたクルロタルシ類たち。彼らはほとんど姿を消した。

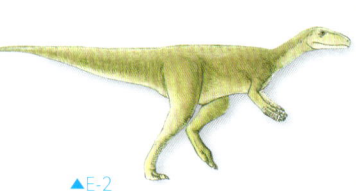

▲E-2
三畳紀末の大量絶滅を生き抜いた恐竜たち。その"勝因"は不明だ。

うである。

　ブルサッテたちは、「このことは、歴史的な偶発性があったことを強く示唆している」とまとめている。偶発性、平たくいえば、「運（luck）」だ。クルロタルシ類は運が悪いから滅び、恐竜は運がいいから生き残ったということだ。おそらく日常的に不運なことの多い読者ほど同意していただけると思うが、進化においても運は重要だったということになる。

　一方で、恐竜が生き残り、クルロタルシ類の多くが滅んだ理由の一つに「速さ」があったのではないか、という指摘もある。それは、福井県立恐竜博物館の久保泰と、東京大学総合研究博物館の久保麦野が2012年に発表した研究だ。

　久保たちは、三畳紀のクルロタルシ類11種と恐竜12種の前脚と後ろ脚に注目した。まず、前脚が後ろ脚に対してどれだけ長いかということに注目し、前脚が長ければ長いほど、その種が四足歩行に向いていたとした。また、後ろ脚をつくる二つの骨、大腿骨（太腿の骨）と中足骨（足の甲の骨）の長さにも注目し、相対的に中足骨が長ければ長いほど、その種は足が速かったとした（論文では「走行性が高い」という表現が使われている）。このことは、現生哺乳類のデータによって裏づけられるという。

　分析によってわかったのは、三畳紀のクルロタルシ類は全体的に四足歩行をする傾向が強く、足が遅いということであり、三畳紀の恐竜は全体的に二足歩行をする傾向が強く、足が速いということである。

　すなわち、恐竜とクルロタルシ類の命運を分けたのは、その足の速さだったのかもしれない、というわけだ。

　じつは、「足が速い」ということが生存や繁栄の条件となり得る例は、のちの新生代でも確認されている。新生代に地球全体が乾燥化し、森林が消え、草原が広がったときは、ウマなどの"足の速い哺乳類"が多様性を増した。「見通しの広い場所」では、足の速さは大事な"生存条件"なのである。三畳紀末に起きたのも、ひょっとしたら同じようなことだったのかもしれない。

ただし、問題はそう簡単ではない、と久保たちは指摘する。それは、第4章で紹介した足の速いクルロタルシ類、ポポサウルス類 E-3 の存在だ。久保たちの論文でも、ポポサウルス類の一種が恐竜と同じように二足歩行をし、足が速かったことが客観的な数値データで示されている。それにも関わらず、ポポサウルス類も三畳紀末の大量絶滅を生き抜くことはできなかったのだ。

　いずれにしろ、生き残ったものには祝福が与えられた。それまでクルロタルシ類が支配していた生態系が、ほぼ空っぽの状態で提供されたのである。恐竜はその生態系を奪取することに成功し、自らの地位を確立していく。海では、絶滅寸前まで追いやられたアンモナイト類が三度、絶滅の底から"復活"した。また、いよいよクビナガリュウ類の繁栄も始まろうとしていた。

　恐竜ファンのみなさん、"今度こそ"お待たせしました。次巻は『ジュラ紀』がテーマ。迫力の時代の到来だ。

▶E-3
クルロタルシ類のなかで、足が速いことで知られるポポサウルス類。彼らも滅びていることが、三畳紀末の大量絶滅の原因が複雑なものであったことを物語る。

もっと詳しく知りたい読者のための参考資料

本書を執筆するにあたり、とくに参考にした主要な文献は次の通り。なお、邦訳があるものに関しては、一般に入手しやすい邦訳版を挙げた。また、webサイトに関しては、専門の研究機関もしくは研究者、それに類する組織・個人が運営しているものを参考とした。Webサイトの情報は、あくまでも執筆時点での参考情報であることに注意。

※本書に登場する年代値は、とくに断りのない限り、
　International Commission on Stratigraphy，2012，INTERNATIONAL STRATIGRAPHIC CHARTを使用している

【第1章】
《一般書籍》
『凹凸形の殻に隠された謎』著：椎野勇太，2013年刊行，東海大学出版会
『恐竜はなぜ鳥に進化したのか』著：ピーター・D・ウォード，2008年刊行，文藝春秋
『古生物学事典 第2版』編集：日本古生物学会，2010年刊行，朝倉書店
『新版 絶滅哺乳類図鑑』著：冨田幸光，伊藤丙雄，岡本泰子，2011年刊行，丸善出版株式会社
『生命と地球の進化アトラス2』著：ドゥーガル・ディクソン，2003年刊行，朝倉書店
『Newton別冊 生命史35億年の大事件ファイル』2010年刊行，ニュートンプレス
『EVOLUTION OF FOSSIL ECOSYSTEMS SECOND EDITION』著：Paul Selden，John Nudds，2012年刊行，Manson Publishing Ltd
『FOSSIL CRINOIDS』編：H. Hess，W. I. Ausich，C. E. Brett，M. J. Simms，1999年刊行，Cambridge University Press
『The Age of Dinosaurs in Russia and Mongolia』編：Michael J. Benton，Mikhail A. Shishkin，David M. Unwin，Evgenii N. Kurochkin，2000年刊行，Cambridge University Press

《学術論文》
Christian A. Sidor，Daril A. Vilhena，Kenneth D. Angielczyk，Adam K. Huttenlocker，Sterling J. Nesbitt，Brandon R. Peecook，J. Sebastien Steyer，Roger M. H. Smith，Linda A. Tsuji，2013，Provincialization of terrestrial faunas following the end-Permian mass extinction，PNAS，vol.110，no.20，p8129-8133
Christian A. Sidor，Roger M. H. Smith，2004，A New Galesaurid(Therapsida: Cynodontia) from the Lower Triassic of South Africa，Palaeontology，vol.47，Part3，p535-556
Conrad C. Labandeira，J. John Sepkoski Jr.，2005，Insect Diversity in the Fossil Record，Science，New Series，vol.261，no.5119，p310-315
David M. Raup，1979，Size of the Permo-Triassic Bottleneck and Its Evolutionary Implications，vol.206，p217-218
David M. Raup，J. John Sepkoski，1982，Mass Extinctions in the Marine Fossil Record，Science，New Series，vol.215，no.4539，p1501-1503
Fernando Abdala，Juan Carlos Cisneros，Roger M. H. Smith，2006，Faunal aggregation in the Early Triassic Karoo basin: Earliest evidence of shelter-sharing behavior among tetrapods?，PALAIOS，vol.2，p507-512
Robert A. Berner，2006，GEOCARBSULF: A combined model for Phanerozoic atmospheric O_2 and CO_2，Geochimica et Cosmochimica Acta，vol.70，p5653-5664

【第2章】
《一般書籍》
『小学館の図鑑 NEO 魚』監修：井田齊，松浦啓一，2003年刊行，小学館
『小学館の図鑑 NEO 動物』指導・執筆：三浦慎吾，成島悦雄，伊澤雅子，吉岡 基，室山泰之，北垣憲仁，協力：横山 正，画：田中豊美ほか，2002年刊行，小学館
『脊椎動物の進化 原著第5版』著：エドウィン・H・コルバート，マイケル・モラレス，イーライ・C・ミンコフ，2004年刊行，築地書館
『別冊日経サイエンス 地球を支配した恐竜と巨大生物たち』2004年刊行，日経サイエンス社
『よみがえる恐竜・古生物』著：ティム・ヘインズ，ポール・チェンバーズ，監修：群馬県立自然史博物館，2006年刊行，ソフトバンククリエイティブ
『Ancient Marine Reptiles』編：Jack M. Callaway，Elizabeth L. Nicholls，1997年刊行，Academic Press
『Dawn of the Dinosaurs. Life in the Triassic』著：Nicholas Fraser，絵：Douglas Henderson，2006年刊行，Indiana University Press
『Sea Dragons』著：Richard Ellis，2003年刊行，The University Press of Kansas
『Vertebrate Palaeontology THERD EDITION』著：Micael J. Benton，2005年刊行，Blackwell

《雑誌記事》
「中生代の海で繁栄した海棲爬虫類 クビナガリュウ類—1億8000万年の軌跡—」Newton2010年12月号，p116-117，ニュートンプレス

《プレスリリース》
日本最古, 中生代初期の脊椎動物の糞化石を発見，東京大学大学院理学系研究科・理学部，2014年10月15日

《WEBサイト》
First amphibious ichthyosaur discovered, filling evolutionary gap，Nov./5/2014，UCADAVIS News and Information，http://news.ucdavis.edu/search/news_detail.lasso?id=11079

《学術論文》
Cajus G. Diedrich，2011，Fossil middle triassic "sea cows" - placodont reptiles as macroalgae feeders along the north-western tethys coastline with pangaea and in the germanic basin，Nature Scinece，vol.3，no.1，p9-27
Chen Xiaohong，P. Martin Sander，Chen Long，Wang Xiaofeng，2013，A New Triassic Primitive Ichthyosaur from Yuanan，South China，ACTA GEOLOGICA SINICA(English Edition)，vol.87，no.3，p672-677
Elizabeth L. Nicholls，Makoto Manabe，2004，Giant Ichthyosaurs of the Triassic—A newt species of *Shonisaurus* from the Pardonet formation(Norian: Late Triassic) of British Columbia，Journal of Vertebrate Paleontology，vol.24，Issue4，p838-849

James M. Neenan, Nicole Klein, Torsten M. Scheyer, 2013, European origin of placodont marine reptiles and the evolution of crushing dentition in Placodontia, Nat. Commun., 4:1621 doi: 10.1038/ncomms2633

Long Cheng, Xiao-Hong Chen, Qing-Hua Shang, Xiao-Chun Wu, 2014, A new marine reptile from the Triassic of China, with a highly specialized feeding adaptation, Naturwissenschaften, doi 10.1007/s00114-014-1148-4

M. R. House, W. A. Kerr, 1989, Ammonoid Extinction Events [and Discussion], Phil. Trans. R. Soc. Lond. B, vol.325, p307-326

Nadia B. Fröbisch, Jörg Fröbisch, P. Martin Sander, Lars Schmitz, Olivier Rippel, 2012, Macropredatory ichthyosaur from the Middle Triassic and the origin of modern trophic neteorks, PNAS, www.pnas.org/cgi/doi/10.1073/pnas.1216750210

P. Martin Sander, Xiaohong Chen, Long Cheng, Xiaofeng Wang, 2011, Short-Snouted Toothless Ichthyosaur from China Suggests Late Triassic Diversification of Suction Feeding Ichthyosaurs, PLoS ONE, vol.6, no.5, e19480. doi:10.1371/journal.pone.0019480

Qing-Hua Shang, 2007, New information on the dentition and tooth replacement of *Nothosaurus* (Reptilia: Sauropterygia), Palaeoworld, vol.16, p.254–263

Ryosuke Motani, 2005, Evolution of Fish-Shaped Reptiles (Reptilia: Ichthyopterygia) in Their Physical Enviroments and Constraints, Annu. Rev. Earth Planet. Sci., vol.33, p395–420

Ryosuke Motani, Da-yong Jiang, Andrea Tintori, Olivier Rieppel, Guan-bao Chen, 2014, Terrestrial Origin of Viviparity in Mesozoic Marine Reptiles Indicated by Early Triassic Embryonic Fossils, PLoS ONE, vol.9, no.2, e88640. doi:10.1371/journal.pone.0088640

Ryosuke Motani, Da-Yong Jiang, Guan-Bao Chen, Andrea Tintori, Olivier Rieppel, Cheng Ji, Jian-Dong Huang, 2014, A basal ichthyosauriform with a short snout from the Lower Triassic of China, nature, doi:10.1038/nature13866

Shi-xue Hu, Qi-yue Zhang, Zhong-Qiang Chen, Chang-yong Zhou, Tao Lü, Tao Xie, Wen Wen, Jin-yuan Huang, Michael J. Benton, 2010, The Luoping biota: exceptional preservation, and new evidence on the Triassic recovery from end-Permian mass extinction, Proc. R. Soc. B., doi:10.1098/rspb.2010.2235

Tamaki Sato, Yen-Nien Cheng, Xiao-Chun Wu, Chun Li, 2010, Osteology of *Yunguisaurus* (Reptilia; Sauropterygia), a Triassic Pistosauroid from China, Paleontological Research, vol.14, no.3, p179-195

Torsten M. Scheyer, 2010, New Interpretation of the Postcranial Skeleton and Overall Body Shape of the Placodont *Cyamodus Hildegardis* Peyer, 1931 (Reptilia, Sauropterygia), Palaeontologia Electronica, vol.13, Issue 2; 15A:15p

Yasuhisa Nakajima, Kentaro Izumi, 2014, Coprolites from the upper Osawa Formation (upper Spathian), northeastern Japan: Evidence for predation in amarine ecosystem 5Myr after the end-Permian mass extinction, Palaeogeography, Palaeoclimatology, Palaeoecology, vol.414, p225-232

Yen-nien Cheng, Xiao-chun Wu, Qiang Ji, 2004, Triassic marine reptiles gave birth to live young, nature, vol.432, p383-386

【第3章】
《一般書籍》

『カメの来た道』著：平山 廉、2007年刊行、NHKブックス

『恐竜ビジュアル大図鑑』監修：小林快次、藻谷亮介、佐藤たまき、ロバート・ジェンキンズ、小西卓哉、平山 廉、大橋智之、冨田幸光、著：土屋健、2014年刊行、洋泉社

『シャーロック・ホームズの冒険』著：コナン・ドイル、1960年刊行、創元推理文庫

『小学館の図鑑NEO 両生類・爬虫類』著：松井正文、疋田 努、太田英利、撮影：前橋利光、前田憲男、関 慎太郎 ほか、2004年刊行、小学館

『脊椎動物の進化 原著第5版』著：エドウィン・H・コルバート、マイケル・モラレス、イーライ・C・ミンコフ、2004年刊行、築地書館

『Dawn of the Dinosaurs. Life in the Triassic』著：Nicholas Fraser、絵：Douglas Henderson、2006年刊行、Indiana University Press

『EARTH BEFORE THE DINOSAURS』著：Sébastien Steyer、2012年刊行、Indiana Unibersity Press

『EXCEPTIONAL FOSSIL PRESERVATION』編：Davif J. Bottjer、Walter Etter、James W. Hagadorn、Carol M. Tang、2002年刊行、Columbia University Press

『In the Shadow of the Dinosaurs』編：Nicholas C. Fraser、Hans-Dieter Sues、1994年刊行、Cambridge University Press

『TRIASSIC LIFE ON LAND』著：Hans-Dieter Sues、Nicholas C. Fraser、2010年刊行、Columbia University Press

『Vertebrate Palaeontology THERD EDITION』著：Micael J. Benton、2005年刊行、Blackwell

《プレスリリース》

胚発生過程と化石記録から解き明かされたカメの甲羅の初期進化、2013年7月9日、理化学研究所

《WEBサイト》

胚発生過程と化石記録から解き明かされたカメの甲羅の初期進化、2013年7月9日、理化学研究所60秒でわかるプレスリリース、http://www.riken.jp/pr/press/2013/20130709_1/digest/

《学術論文》

Chun Li, Xiao-Chun Wu, Olivier Rieppel, Li-Ting Wang, Li-Jun Zhao, 2008, An ancestral turtle from the Late Triassic of southwestern China, nature, vol. 456, p497-501

Farish A. Jenkins Jr., Neil H. Shubin, Stephen M. Gatesy, Anne Warren, 2008, *Gerrothorax pulcherrimus* from the Upper Triassic Fleming Fjord Formation of East Greenland and a reassessment of head lifting in temnospondyl feeding, Journal of Vertebrate Paleontology, vol.28, no.4, p935-950

Silvio Renesto, 2005, A New Specimen of *Tanystropheus* (Reptilia Protorosauria) from the Middle Triassic of Swizerland and the Ecology of the Genus, Rivista Italiana di Paleontologia e Stratigrafia, vol.111, no.3, p377-394

Tatsuya Hirasawa, Hiroshi Nagashima, Shigeru Kuratani, 2012, The endoskeletal origin of the turtle carapace, Nat. Commun., 4:2107, doi: 10.1038/ncomms3107

【第4章】
《一般書籍》
『シャーロック・ホームズの冒険』著：コナン・ドイル、1960年刊行、創元推理文庫
『小学館の図鑑 NEO 動物』指導・執筆：三浦慎吾、成島悦雄、伊澤雅子、吉岡 基、室山泰之、北垣憲仁、協力：横山 正、画：田中豊美ほか、2002年刊行、小学館
『脊椎動物の進化 原著第5版』著：エドウィン・H・コルバート、マイケル・モラレス、イーライ・C・ミンコフ、2004年刊行、築地書館
『Dawn of the Dinosaurs. Life in the Triassic』著：Nicholas Fraser、絵：Douglas Henderson、2006年刊行、Indiana University Press
『EARTH BEFORE THE DINOSAURS』著：Sebastien Steyer、2012年刊行、Indiana Unibersity Press
『In the Shadow of the Dinosaurs』編：Nicholas C. Fraser、Hans-Dieter Sues、1994年刊行、Cambridge University Press
『PTEROSAURS』著：Mark P. Witton、2013年刊行、Princeton University Press
『The Age of Dinosaurs in Russia and Mongolia』編：Michael J. Benton、Mikhail A. Shishkin、David M. Unwin、Evgenii N. Kurochkin、2000年刊行、Cambridge University Press
『THE PTEROSAURS FROM DEEP TIME』著：David M. Unwin、2006年刊行、Pi Press
『TRIASSIC LIFE ON LAND』著：Hans-Dieter Sues、Nicholas C. Fraser、2010年刊行、Columbia University Press

《特別展図録》
『世界最大の翼竜展』2007年、北九州市立自然史・歴史博物館
『翼竜の謎』2012年、福井県立恐竜博物館

《雑誌記事》
「大空の覇者「翼竜」」Newton2007年11月号、p78-89、ニュートンプレス

《学術論文》
G. J. Dyke、R. L. Nudds、J. M. V. Rayner、2006、Flight of *Sharovipteryx mirabilis*: the world's first delta-winged glider、Journal of Evolutionary Biology、Issue 4、p1040-1043
Jimmy A. McGuire、Robert Dudley、2011、The Biology of Gliding in Flying Lizards (Genus Draco) and their Fossil and Extant Analogs、Integrative and Comparative Biology、vol. 51、no.6、p983-990
Koen Stein、Colin Palmer、Pamela G. Gill、Michael J. Benton、2008、The aerodynamics of the British Late Triassic Kuehneosauridae、Palaeontology、vol. 51、part 4、p967-981
Sebastian Voigt、Michael Buchwitz、Jan Fischer、Daniel Krause、Robert Georgi、2009、Feather-like development of Triassic diapsid skin appendages、Naturwissenschaften、vol.96、p81-86
Silvio Renesto、Fabio Marco Dalla、Vecchia、2005、The skull and lower jaw of the holotype of *Megalancosaurus pre-onensis*(Diapsida、Drepanosauridae) from the Upper Triassic of Northern Italy、Rivista Italiana di Paleontologia e Stratigrafia、vol.111、no.2、p247-257
Terry D. Jones、John A. Ruben、Larry D. Martin、Evgeny N. Kurochkin、Alan Feduccia、Paul F. A. Maderson、Willem J. Hillenius、Nicholas R. Geist、Vladimir Alifanov、2000、Nonavian Feathers in a Late Triassic Archosaur、Science、vol. 288、p2202-2205

【第5章】
《一般書籍》
『恐竜ビジュアル大図鑑』監修：小林快次、藻谷亮介、佐藤たまき、ロバート・ジェンキンズ、小西卓哉、平山 廉、大橋智之、冨田幸光、著：土屋健、2014年刊行、洋泉社
『新版 絶滅哺乳類図鑑』著：冨田幸光、伊藤内雄、岡本泰子、2011年刊行、丸善出版株式会社
『ワニと恐竜の共存』著：小林快次、2013年刊行、北海道大学出版会
『Dawn of the Dinosaurs. Life in the Triassic』著：Nicholas Fraser、絵：Douglas Henderson、2006年刊行、Indiana University Press
『TRIASSIC LIFE ON LAND』著：Hans-Dieter Sues、Nicholas C. Fraser、2010年刊行、Columbia University Press
『Vertebrate Palaeontology THERD EDITION』著：Micael J. Benton、2005年刊行、Blackwell

《特別展図録》
『地球最古の恐竜展』2010年、NHK

《WEBサイト》
Capitol Reef National Park and Surrounding Areas Geological Tour Guide、The University of UTAH、http://sed.utah.edu/Chinle.htm

《学術論文》
Andrew B. Heckert、Spencer G. Lucas、2002、South American Occurrences of the Adamanian (Late Triassic: Latest Carnian) Index Taxon *Stagonolepis* (Archosauria: Aetosauria) and Their Biochronological Significance、Journal of Paleontology、vol.76、no.5、p852-863
Andrew B. Heckert、Spencer G. Lucas、Stan E. Krzyzanowski、2002、The rauisuchian archosaur *Saurosuchus* from the Upper Triassic Chinle Group、southwestern USA and its biochronological significance、Upper Triassic Stratigraphy and Paleontology、New Mexico Museum of Natural History and Science Bulletin、no.21、p241-244
Lucas E. Fiorelli、Martin D. Ezcurra、E. Martin Hechenleitner、Eloisa Argañaraz、Jeremias R. A. Taborda、M. Jimena Trotteyn、M. Belén von Baczko、Julia B. Desojo、2013、The oldest known communal latrines provide evidence of gregarism in Triassic megaherbivores、Scientific reports、doi:10.1038/srep03348
Sterling Nesbitt、2003、Arizonasaurus and its implications for archosaurdivergence、Proc. R. Soc. Lond. B (Suppl.) 270、S234-S237
Sterling Nesbitt、2007、Osteology of the Middle Triassic pseudosuchian archosaur *Arizonasaurus babbitti*、Historical Biology: An International Journal of Paleobiology、vol.17、p19-47

Sterling Nesbitt, 2007, The anatomy of *Effigia okeeffeae* (Archosauria, Suchia), theropod-like convergence, and the distribution of related taxa, Bulletin of the American Museum of Natural History, no.302, p1-84

William G. Paker, 2008, Description of new material of the aetosaur *Desmatosuchus spurensis* (Archosauria: Suchia) from the Chinle Formation of Arizona and a revision of the genus *Desmatosuchus*, PaleoBios, vol.28, no.1, p1-40

【第6章】
《一般書籍》

『大人のための「恐竜学」』監修：小林快次、著：土屋健、2013年刊行、祥伝社新書

『恐竜時代1』著：小林快次、2012年刊行、岩波ジュニア新書

『恐竜 VS 哺乳類』監修：小林快次、編：NHK「恐竜」プロジェクト、2006年刊行、ダイヤモンド社

『古生物学事典 第2版』編集：日本古生物学会、2010年刊行、朝倉書店

『新版 絶滅哺乳類図鑑』著：冨田幸光、伊藤丙雄、岡本泰子、2011年刊行、丸善出版株式会社

『脊椎動物の進化 原著第5版』著：エドウィン・H・コルバート、マイケル・モラレス、イーライ・C・ミンコフ、2004年刊行、築地書館

『緋色の研究』著：コナン・ドイル、1960年刊行、創元推理文庫

『ホルツ博士の最新恐竜事典』著：トーマス・R・ホルツ Jr、2010年刊行、朝倉書店

『Dinosaurs A Field guide』著：Gregory S. Paul、2010刊行、A&C Black

『The DINOSAURIA 2ed』編：David B. Weishampel、Peter Dodson、Halska Osmólska、2004年刊行、University of California Press

《特別展図録》

『恐竜博2011』国立科学博物館

『地球最古の恐竜展』2010年、NHK

《学術論文》

久保 泰、2011、三畳紀の恐竜型類における植物食と二足歩行の進化、福井県立恐竜博物館紀要、vol.10、p55-62

John M. Grady, Brian J. Enquist, Eva Dettweiler-Robinson, Natalie A. Wright, Felisa A. Smith, 2014, Science, vol.344, p1268-1272

Stephen L. Brusatte, Grzegorz Niedzwiedzki, Richard J. Butler, 2011, Footprints pull origin and diversification of dinosaur stem lineage deep into Early Triassic, Proc. R. Soc. B, vol.278, p1107-1113

Sterling J Nesbitt, Alan H Turner, Gregory M Erickson, Mark A Norell, 2006, Prey choice and cannibalistic behaviour in the theropod *Coelophysis*, Biol. Lett., vol.2, p611-614

【第7章】
《一般書籍》

『決着！ 恐竜絶滅論争』著：後藤和久、2011年刊行、岩波書店

『古生物学事典 第2版』編集：日本古生物学会、2010年刊行、朝倉書店

『絶滅古生物学』著：平野弘道、2006年刊行、岩波書店

《プレスリリース》

岐阜と大分から巨大隕石落下の証拠：最大で直径約8kmと推定、2013年9月16日、九州大学・熊本大学・JAMSTEC

《WEBサイト》

海洋酸性化の影響、国立環境研究所地球環境研究センター、http://www.cger.nies.go.jp/ja/library/qa/6/6-1/qa_6-1-j.html

Giant CO2 Eruptions in the Backyard?, Feb./18/2011, state of the planet, http://blogs.ei.columbia.edu/2011/02/18/giant-co2-eruptions-in-the-backyard/

Megavolcanoes Tied to Pre-Dinosaur Mass Extinction, Mar./21/2013, THE EARTH INSTITUTE COLUMBIA UNIVERSITY, http://www.earth.columbia.edu/articles/view/3070

《学術論文》

David M. Raup, J. John Sepkoski, 1982, Mass Extinctions in the Marine Fossil Record, Science, New Series, vol.215, no.4539, p1501-1503

Terrence J. Blackburn, Paul E. Olsen, Samuel A. Bowring, Noah M. McLean, Dennis V. Kent, John Puffer, Greg McHone, E. Troy Rasbury, Mohammed Et-Touhami, 2013, Zircon U-Pb Geochronology Links the End-Triassic Extinction with the Central Atlantic Magmatic Province, vol.340, no.6135, p9415-945

Tetsuji Onoue, Honami Sato, Tomoki Nakamura, Takaaki Noguchi, Yoshihiro Hidaka, Naoki Shirai, Mitsuru Ebihara, Takahito Osawa, Yuichi Hatsukawa, Yosuke Toh, Mitsuo Koizumi, Hideo Harada, Michael J. Orchard, Munetomo Nedachi, 2012, Deep-sea record of impact apparently unrelated to mass extinction in the Late Triassic, PNAS, vol.109, no.47, p19134-19139

【エピローグ】
《WEBサイト》

Dinosaurs' 'superiority' challenged by their crocodile cousins, Sep./11/2008, University of BRISTOL News, http://www.bristol.ac.uk/news/2008/5884.html

《学術論文》

Stephen L. Brusatte, Michael J. Benton, Marcello Ruta, Graeme T. Lloyd, 2009, Superiority, competition, and opportunism in the evolutionary radiation of dinosaurs, Sceince, vol.321, no.5895, p1485-1488

Tai Kubo, Mugino O. Kubo, 2012, Associated evolution of bipedality and cursoriality among Triassic archosaurs: a phylogenetically controlled evaluation, Paleobiology, vol.38, no.3, p474-485

索引

図版掲載ページは太数字

アエトサウルス *Aetosaurus*	89, 90, 91, 92, 93	ガレサウルス *Galesaurus*	16, 17
アエトサウロイデス *Aetosauroides*	94, 95, 101	キアモダス *Cyamodus*	37, 39
アトポデンタトゥス *Atopodentatus*	40, 41, 50	キハダ *Thunnus albacares*	23
アパトサウルス *Apatosaurus*	120	キリン *Giraffa*	57
アメリカバイソン *Bison bison*	88	クエネオサウルス *Kuehneosaurus*	66, 67, 68
アリゾナサウルス *Arizonasaurus*	84, 85, 86, 87, 88, 95	クエネオスクース *Kuehneosuchus*	66, 67, 68, 69
イエネコ *Felis silvestris catus*	116	グロッソプテリス *Glossopteris*	12, 13
イカロサウルス *Icarosaurus*	67, 68	ケイチョウサウルス *Keichousaurus*	42, 43, 45, 50
イスチグアラスティア *Ischigualastia*	103, 104	ゲロトラックス *Gerrothorax*	54, 55
イノストランケビア *Inostrancevia*	17, 18	ゲロバトラクス *Gerobatrachus*	53
ウーパールーパー *Ambystoma*	55	コエルロサウラヴス *Coelurosauravus*	66, 68, 69
ウェツルガサウルス *Wetlugasaurus*	17, 19	コエロフィシス *Coelophysis*	133, 134, 135
ヴェナチコスクス *Venaticosuchus*	106, 107, 108	コプロライト *Coprolite*	22, 109, 110, 111
ウシガエル *Rana catesbeiana*	52	サウリクチス *Saurichthys*	48
ウタツサウルス *Utatsusaurus*	23, 24, 25, 26, 29, 30, 34, 50, 51	サウロスクス *Saurosuchus*	82, 83, 97, 98, 99, 100, 101, 120
エウディモルフォドン *Eudimorphodon*	76, 77, 78	ザトウクジラ *Megaptera novaeangliae*	34
エオドロマエウス *Eodromaeus*	121, 122, 123, 124, 133	シノサウロスファルギス *Sinosaurosphargis*	60, 61
エオラプトル *Eoraptor*	102, 118, 119, 120 121, 122, 124, 133, 134	シャスタサウルス *Shastasaurus*	34
エクサエレトドン *Exaeretodon*	103, 105, 136, 137	シャロビプテリクス *Sharovipteryx*	69, 70, 71, 72 73, 74
エダフォサウルス *Edaphosaurus*	86, 87, 88	シュードヘスペロスクス *Pseudohesperosuchus*	106, 107, 108
エフィギア *Effigia*	95, 96	ショニサウルス *Shonisaurus*	31, 34
オーウエネッタ *Owenetta*	16	スクトサウルス *Scutosaurus*	17
オドントケリス *Odontochelys*	60, 62, 63, 65	スタゴノレピス *Stagonolepis*	93, 94, 95
カートリンカス *Cartorhynchus*	29, 30	スッポン *Pelodiscus sinensis*	60
ガラパゴスゾウガメ *Geochelone elephantopus*	65	ステゴサウルス *Stegosaurus*	124, 127

152

和名	ページ	和名	ページ
スピノサウルス *Spinosaurus*	86, **87**, 88	プロガノケリス *Proganochelys*	63, **64**, 65
セラタイト類	**20**, 139	プロガレサウルス *Progalesaurus*	14, **15**
タニストロフェウス *Tanystropheus*	55, **56**, **57**, 58	プロベレソドン *Probelesodon*	103, **105**, 108, **136**, 137
タラットアルコン *Thalattoarchon*	30, **31**, **32**, **33**, 49, **50**, 51	プロトロダクティルス *Prorotodactylus*	**114**, **115**, **116**, 117
チャオフサウルス *Chaohusaurus*	23, **26**, **27**, 28, 29, 30, 34	ヘノダス *Henodus*	37, **38**
ディクロイディウム *Dicroidium*	**13**	ヘルレラサウルス *Herrerasaurus*	124, **125**, 126, 129
ディメトロドン *Dimetrodon*	86, **87**, 88	メガランコサウルス *Megalancosaurus*	**79**, 80, 81
ティラノサウルス *Tyrannosaurus*	97, **99**, 124	メバチ *Thunnus obesus*	23
デスマトスクス *Desmatosuchus*	**92**, 93	モルガヌコドン *Morganucodon*	**137**
トビトカゲ *Draco*	68	ユンギサウルス *Yunguisaurus*	45, **46**, **50**, 51
トリアドバトラクス *Triadobatrachus*	52, **53**, 54	リーブクサガメ *Chinemys reevesi*	62
トリケラトプス *Triceratops*	124, **127**	リストロサウルス *Lystrosaurus*	**14**, **15**, 18, 103
ドレパノサウルス *Drepanosaurus*	**81**	羅平から産出する 脊椎動物化石	**48**
ナガスクジラ *Balaenoptera physalus*	34	レッセムサウルス *Lessemsaurus*	126, **130**, **131**
ノトサウルス *Nothosaurus*	**44**, 45, **50**, **51**	ロンギスクアマ *Longisquama*	**72**, **73**, 74, 78
パラトドンタ *Palatodonta*	36, **37**		
パンファギア *Panphagia*	**121**, 122		
ピサノサウルス *Pisanosaurus*	124, **127**		
ヒプロネクター *Hypuronector*	**80**		
ヒメアリクイ *Cyclopes didactylus*	81		
ファソラスクス *Fasolasuchus*	**100**, **101**, 126, 130, **131**		
プテラノドン *Pteranodon*	74, 77, 78		
プラコダス *Placodus*	34, **35**, 36, 37, **50**, **51**		
プレオンダクティルス *Preondactylus*	**77**, 78		
フレングエリサウルス *Frenguellisaurus*	126, **128**, 129		

索引　学名一覧表

Aetosauroides	アエトサウロイデス	*Hypuronector*	ヒプロネクター
Aetosaurus	アエトサウルス	*Icarosaurus*	イカロサウルス
Ambystoma	ウーパールーパー	*Inostrancevia*	イノストランケビア
Arizonasaurus	アリゾナサウルス	*Ischigualastia*	イスチグアラスティア
Atopodentatus	アトポデンタトゥス	*Keichousaurus*	ケイチョウサウルス
Balaenoptera physalus	ナガスクジラ	*Kuehneosaurus*	クエネオサウルス
Bison bison	アメリカバイソン	*Kuehneosuchus*	クエネオスクース
Cartorhynchus	カートリンカス	*Lessemsaurus*	レッセムサウルス
Chaohusaurus	チャオフサウルス	*Longisquama*	ロンギスクアマ
Chinemys reevesi	リーブクサガメ	*Lystrosaurus*	リストロサウルス
Coelophysis	コエロフィシス	*Megalancosaurus*	メガランコサウルス
Coelurosauravus	コエルロサウラヴス	*Megaptera novaeangliae*	ザトウクジラ
Cyamodus	キアモダス	*Morganucodon*	モルガヌコドン
Cyclopes didactylus	ヒメアリクイ	*Nothosaurus*	ノトサウルス
Desmatosuchus	デスマトスクス	*Odontochelys*	オドントケリス
Dicroidium	ディクロイディウム	*Owenetta*	オーウエネッタ
Dimetrodon	ディメトロドン	*Palatodonta*	パラトドンタ
Draco	トビトカゲ	*Panphagia*	パンファギア
Drepanosaurus	ドレパノサウルス	*Pelodiscus sinensis*	スッポン
Edaphosaurus	エダフォサウルス	*Pisanosaurus*	ピサノサウルス
Effigia	エフィギア	*Placodus*	プラコダス
Eodromaeus	エオドロマエウス	*Preondactylus*	プレオンダクティルス
Eoraptor	エオラプトル	*Probelesodon*	プロベレソドン
Eudimorphodon	エウディモルフォドン	*Progalesaurus*	プロガレサウルス
Exaeretodon	エクサエレトドン	*Proganochelys*	プロガノケリス
Fasolasuchus	ファソラスクス	*Prorotodactylus*	プロロトダクティルス
Felis silvestris catus	イエネコ	*Pseudohesperosuchus*	シュードヘスペロスクス
Frenguellisaurus	フレングエリサウルス	*Pteranodon*	プテラノドン
Galesaurus	ガレサウルス	*Saurosuchus*	サウロスクス
Geochelone elephantopus	ガラパゴスゾウガメ	*Scutosaurus*	スクトサウルス
Gerobatrachus	ゲロバトラクス	*Sharovipteryx*	シャロビプテリクス
Gerrothorax	ゲロトラックス	*Shastasaurus*	シャスタサウルス
Giraffa	キリン	*Shonisaurus*	ショニサウルス
Glossopteris	グロッソプテリス	*Sinosaurosphargis*	シノサウロスファルギス
Henodus	ヘノダス	*Spinosaurus*	スピノサウルス
Herrerasaurus	ヘルレラサウルス	*Stagonolepis*	スタゴノレピス

Stegosaurus	ステゴサウルス
Tanystropheus	タニストロフェウス
Thalattoarchon	タラットアルコン
Thunnus albacares	キハダ
Thunnus obesus	メバチ
Triadobatrachus	トリアドバトラクス
Triceratops	トリケラトプス
Tyrannosaurus	ティランノサウルス
Utatsusaurus	ウタツサウルス
Venaticosuchus	ヴェナチコスクス
Wetlugasaurus	ウェツルガサウルス
Yunguisaurus	ユングイサウルス

Appendix
動物等縮尺図

ラブラドール・レトリバーの頭胴長を80cmとしたときの、各動物の比較。

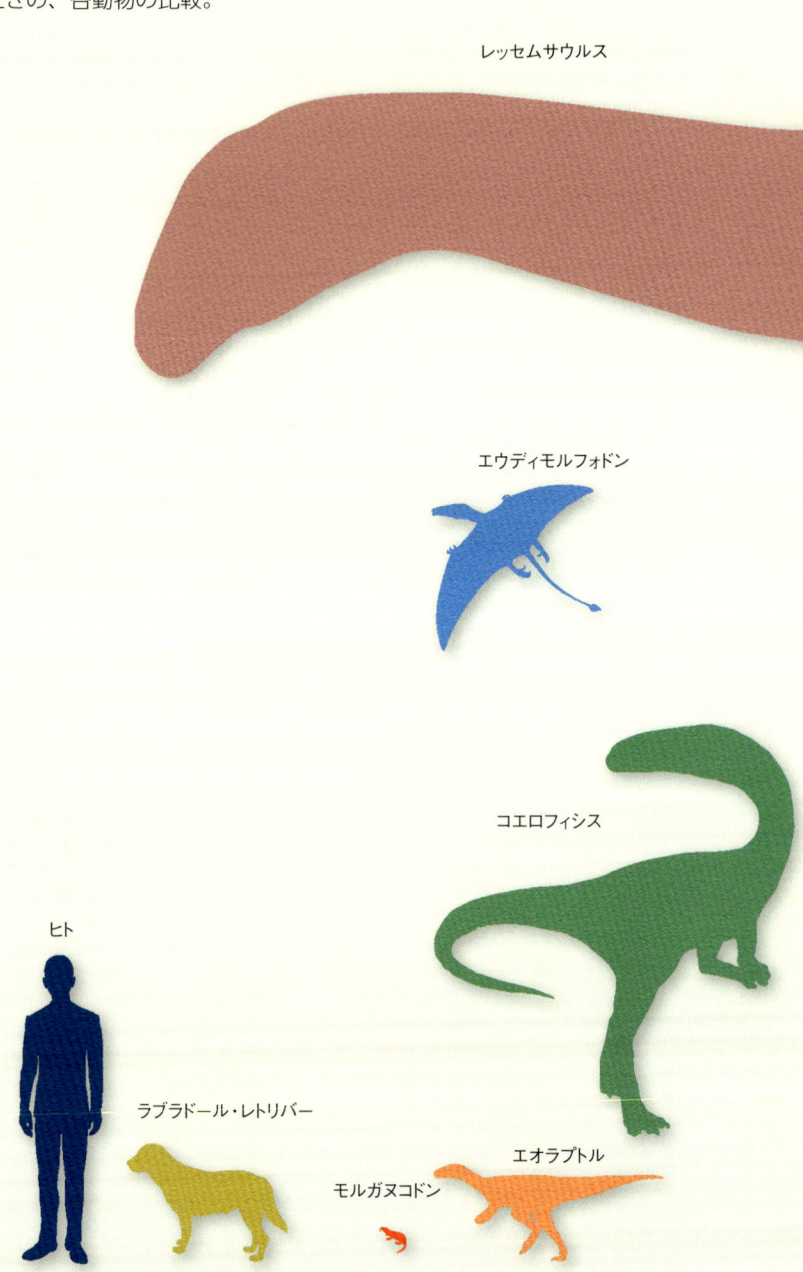

レッセムサウルス

エウディモルフォドン

コエロフィシス

ヒト

ラブラドール・レトリバー

モルガヌコドン

エオラプトル

ファソラスクス

■ 著者略歴

土屋 健(つちや・けん)

オフィス ジオパレオント代表。サイエンスライター。埼玉県生まれ。金沢大学大学院自然科学研究科で修士号を取得（専門は地質学、古生物学）。その後、科学雑誌『Newton』の記者編集者、サブデスクを担当。在社時代に執筆・編集した記事は、地球科学系を中心に宇宙から睡眠、ロボット、高校部活動紹介まで多数多彩。2012年に独立して現職。フリーランスとして、日本地質学会が年2回一般向けに発行する広報誌『ジオルジュ』でデスク兼ライターを務めるほか、雑誌等への執筆記事も多い。twitter（https://twitter.com/paleont_kt）では、古生物学や地質学に関連した和文ニュースの紹介を中心に平日毎朝ツイートしている。愛犬との散歩・昼寝が日課。近著に『デボン紀の生物』『石炭紀・ペルム紀の生物』（ともに技術評論社）、『WONDA 大昔の生きもの』（ポプラ社）、『理科が好きな子に育つ ふしぎのお話365日』（共著：誠文堂新光社）など。

http://www.geo-palaeont.com/

■ 監修団体紹介

群馬県立自然史博物館(ぐんまけんりつしぜんしはくぶつかん)

世界遺産「富岡製糸場」で知られる群馬県富岡市にあり、地球と生命の歴史、群馬県の豊かな自然を紹介している。1996年開館の「見て・触れて・発見できる」博物館。常設展示「地球の時代」には、全長15mのカマラサウルスの実物骨格やブラキオサウルスの全身骨格、ティラノサウルス実物大ロボット、トリケラトプスの産状復元と全身骨格などの恐竜をはじめ、三葉虫の進化系統樹やウミサソリ、皮膚の印象が残ったヒゲクジラ類化石やヤベオオツノジカの全身骨格などが展示されている。その他にも、群馬県の豊かな自然を再現したいくつものジオラマ、ダーウィン直筆の手紙、アウストラロピテクスなど化石人類のジオラマなどが並んでいる。企画展も年に3回開催。

http://www.gmnh.pref.gunma.jp/

■ 古生物イラスト

えるしま　さく

多摩美術大学日本画学科卒業。博物学をテーマにしたTシャツブランド「パイライトスマイル」のイラストレーター。その他媒体にもイラストを提供している。生き物と鉱物が好き。
「パイライトスマイル」http://pyritesmile.shop-pro.jp
毛漫画ブログ→「召喚獣猫の手」http://erushimasaku.blog65.fc2.com/

編集 ■ ドゥ アンド ドゥ プランニング有限会社
装幀・本文デザイン ■ 横山明彦(WSB inc.)
古生物イラスト ■ えるしまさく　小堀文彦(AEDEAGUS)
シーン復元 ■ 小堀文彦(AEDEAGUS)
作図 ■ 土屋香

生物ミステリー PRO
三畳紀の生物

発 行 日	2015年7月15日 初版 第1刷発行
	2025年1月30日 初版 第2刷発行
著 者	土屋 健
発行者	片岡 巌
発行所	株式会社技術評論社
	東京都新宿区市谷左内町21-13
	電話 03-3513-6150 販売促進部
	03-3267-2270 書籍編集部
印刷／製本	株式会社シナノ

定価はカバーに表示してあります。
本書の一部または全部を著作権法の定める範囲を超え、無断で複写、複製、転載あるいはファイルに落とすことを禁じます。

©2015 土屋 健
ドゥアンドドゥ プランニング有限会社

造本には細心の注意を払っておりますが、万一、乱丁（ページの乱れ）や落丁（ページの抜け）がございましたら、小社販売促進部までお送りください。
送料小社負担にてお取り替えいたします。

ISBN978-4-7741-7405-1 C3045
Printed in Japan